EXPERIMENTELLE EINFÜHRUNG

IN DIE

UNORGANISCHE CHEMIE

VON

HEINRICH BILTZ

MIT FÜNFZEHN FIGUREN

VIERTE AUFLAGE

LEIPZIG
VERLAG VON VEIT & COMP.
1911

Druck von Metzger & Wittig in Leipzig

Vorwort.

Die erste Auflage dieses Buches wurde im Jahre 1898 für den Gebrauch im Kieler chemischen Universitätslaboratorium verfaßt. Da sie sich auch außerhalb Kiels Freunde erwarb, wurde sie bald darauf durch den Buchhandel allgemein zugänglich gemacht und bürgerte sich in einigen chemischen Unterrichtsinstituten ein. Sie stellte meines Wissens den ersten Versuch dar, eine gedruckte Anleitung für den chemischen Anfangsunterricht im Laboratorium zu geben, die die Grundlehren der neueren unorganischen und physikalischen Chemie berücksichtigt; daneben sollte sie ein reiches Wissen vom Verhalten der analytisch wichtigen, unorganischen Stoffe vermitteln. Die Erklärungen der Umsetzungen waren stets gegeben, teils durch die üblichen Formelgleichungen, teils im Texte selbst, teils in zusammenhängenden theoretischen Abschnitten, die gelegentlich eingefügt waren. In Kiel wurde und wird zur Durcharbeitung der experimentellen Einführung kaum mehr als ein halbes Semester bei halbtägiger Arbeitszeit im Laboratorium verwandt; die Studierenden legen die erworbenen Kenntnisse alsdann in einem zwanglosen Examen, das vom Abteilungsvorsteher persönlich abgehalten wird, dar, ehe sie zur qualitativen Analyse übergehen.

Die folgenden Auflagen sind entsprechend dem fortgeschrittenen Eindringen der Lösungstheorie in den Unterricht erweitert worden, ohne daß sie an Umfang erheblich zugenommen hätten. Von der allgemeinen Verwendung der Ionengleichungen ist Abstand genommen worden, da die Beherrschung der alten Formelgleichungen, die nur durch tüchtige Übung erworben werden kann, für die Gesamtausbildung des Chemikers zu wichtig erscheint, als daß sie auf ein späteres Stadium der Ausbildung verschoben werden dürfte. Anregung zur Übung im Aufstellen von Ionengleichungen bietet das Buch selbst gelegentlich, mehr noch das Kolleg und der Laboratoriumsunterricht. Auch für diese Auflage gilt, daß sie erfolgreich nur benutzt werden kann, wenn in einem nebenhergehenden Kolleg die theoretischen Fragen systematisch und eingehend behandelt werden.

Auf Konsequenz in der Namengebung ist großes Gewicht gelegt, was auch in Anfänger-Lehrbüchern leider vielfach versäumt wird. In der vorliegenden Auflage ist die „gelehrte" Rechtschreibung der naturwissenschaftlichen und technischen Fremdwörter von Dr. H. Jansen (Berlin-Schöneberg 1907) verwandt worden.

Im Jahre 1909 erschien eine Übersetzung des Buches in englischer Sprache von W. T. Hall und J. W. Phelan in Boston (Verlag: John Wiley & sons. New York).

Heinrich Biltz.

Inhalt.

Einleitung.

Zum flotten Arbeiten im chemischen Laboratorium sind einige Hilfsmittel nötig, die der Praktikant sich auf seinem Arbeitsplatze zu halten hat: nämlich eine Schere zum Schneiden von Filtrierpapier, eine dreikantige Feile zum Glasschneiden, eine Rundfeile zum Glätten und Erweitern von Löchern in Korken; die Rundfeile sei an ihrer stärksten Stelle noch nicht ganz bleistiftdick; ferner Pinzette, Lötrohr, Probierglasklemme,[1]) mit der warme Probiergläser gefaßt werden, Platindraht, Platinblech und einige einseitig geschlossene Glasröhrchen, deren Anfertigung auf Seite 5—6 beschrieben ist. Dazu kommen Probiergläser mit Gestell, Trichter, Kölbchen, einige dünne Glasstäbe mit rund geschmolzenen Enden, kleine Bechergläschen, eine Spritzflasche, Porzellantiegel und Abdampfschalen, schließlich ein eiserner Dreifuß oder ein Stativ mit verschiebbarem Ringe und ein Drahtnetz als Kochgestell, ein Filtriergestell und ein Gasbrenner. Bequem ist in vielen Fällen ein Spatel aus Glas, Porzellan, Reinnickel oder Horn; teuerer und besser ist ein kleiner Platinspatel[2]) mit Holzstiel; vernickelte Instrumente sind im chemischen Laboratorium nicht brauchbar.

Das Platinblech hebt man zweckmäßig in einem kleinen Becherglase unter chlorwasserstoffsäurehaltigem Wasser auf; so hält es sich immer rein. Den Platindraht schmelzt man in die Spitze eines Glasstäbchens ein und bewahrt ihn in einem mit chlorwasserstoffsäurehaltigem Wasser gefüllten Probierglase auf.

Alle Glassachen seien stets sauber. Bechergläser werden gereinigt, ausgetrocknet und — die Öffnung nach unten — auf Filtrierpapier, mit dem der Schrank zum teil ausgelegt ist, aufbewahrt. Die gereinigten und getrockneten Kölbchen bewahrt man nach Verschluß mit einem Korke oder mit etwas Filtrierpapier, das über den Rand geknifft ist, gegen Staub gesichert auf. Die Probiergläser werden stets sofort nach den Versuchen gereinigt. Dazu reicht meist Wasser und eine Gänsefeder aus; zur Entfernung fest haftender Niederschläge nimmt man eventuell einige Tropfen roher, konzentrierter Chlorwasserstoffsäure zu Hilfe. Diese Reinigung gelingt fast immer leicht und schnell, wenn sie bald vorgenommen wird, ist aber oft recht mühsam und zeitraubend, wenn sie bis zum nächsten

---

[1]) Statt ihrer kann ein Stück Papier von etwa Oktavgröße verwandt werden, daß durch einige Längskniffe zu einem Streifen zusammengefaltet ist.

[2]) In der von Prof. Gattermann empfohlenen Form zum Preise von etwa 10 Mark von C. Desaga in Heidelberg zu beziehen.

Tage verschoben wird. Man spült mit destilliertem Wasser nach. Zum Abtropfen stellt man die Probiergläser verkehrt auf die Zapfen, die zu diesem Zwecke an der Hinterseite des Gestells angebracht sind; oder man stellt sie, ebenfalls in verkehrter Stellung, in die Öffnungen des Probierglasgestells hinein. Man halte sich stets einige trockne Probiergläser vorrätig, weil solche zu manchen Versuchen nötig sind.

Durch Befolgen dieser Vorschriften kann man sich viel Zeitverlust und Mißerfolge ersparen. Es ist dringend nötig, daß man sich bei chemischen Arbeiten von Anfang an an die größte Sauberkeit gewöhne.

Fast alle Umsetzungen werden in Probiergläsern ausgeführt. Man übe sich von vornherein darin, zu jedem Versuche nur wenig Substanz zu nehmen. Von einigen Ausnahmen abgesehen, reicht man mit $^1/_2$ bis 1 cm^3 der Lösungen vollständig aus. Man halte sich an diese Vorschrift nicht nur der Substanzersparnis halber, sondern vor allem auch deswegen, weil man damit schneller zum Ziele kommt.

Wichtig ist es auch, daß man sich von vornherein darin übt, Gewichte und Raummaße abzuschätzen. Es empfiehlt sich, ein Probierglas zunächst leer, dann zum Fünftel, zur Hälfte, schließlich ganz mit Wasser gefüllt zu wägen, um dadurch eine Vorstellung vom Inhalte eines Probierglases und seiner Teile zu erhalten. Auch empfiehlt es sich, ein Probierglas durch Einwägen von 1, 2, 3 etc. g Wasser zu kalibrieren und die betreffenden Höhen an einem aufgeklebten Papierstreifen zu markieren. Ein solcher Meßzylinder ist oft verwendbar.

Das allerwichtigste Erfordernis für ein erfolgreiches und flottes Durcharbeiten dieses Leitfadens ist das häusliche Studium. Kein Abschnitt möge im Laboratorium vorgenommen werden, bevor er sorgfältig unter Hinzuziehung eines Lehrbuchs der Chemie zu Hause theoretisch durchgearbeitet und aufgeklärt ist. Namentlich bieten die Metalle des vierten und fünften Abschnitts so komplizierte Verhältnisse, daß ein volles Verständnis nur unter Mithilfe einer eifrigen Arbeit am Schreibtische zu erzielen ist.

Im folgenden sind eingehende Angaben über die Ausführung der Versuche gegeben, die der Praktikant aber vielfach durch eigene Beobachtungen noch ergänzen wird; zu diesbezüglichen Bemerkungen ist am Rande Platz. Zahlreich sind in den experimentellen Teil theoretische Abschnitte eingestreut, deren Studium vielfach Aufklärung geben wird; selbstverständlich sind diese theoretischen Abschnitte nicht imstande, das Hören eines Kollegs über analytische Chemie, das sich auf der Theorie der wäßrigen Lösungen und dem Massenwirkungsgesetze aufbaut, zu ersetzen. Wer sich über die theoretischen Verhältnisse näher unterrichten will, sei namentlich auf „Die wissenschaftlichen Grundlagen der Analytischen Chemie" von W. Ostwald (Leipzig, Verlag von W. Engelmann) und auf sein in demselben Verlage erschienenes Lehrbuch „Grundlinien der anorganischen Chemie" vorwiesen.

Filter und Filtrieren.

Zur Herstellung von „glatten Filtern“ knifft man einen Bogen Filtrierpapier in gleichen Abständen dreimal parallel zu zwei aneinander stoßenden Seiten; durch Aufschneiden der Kifflinien erhält man 16 kleine quadratische Papierblättchen. Ein solches Stück faltet man

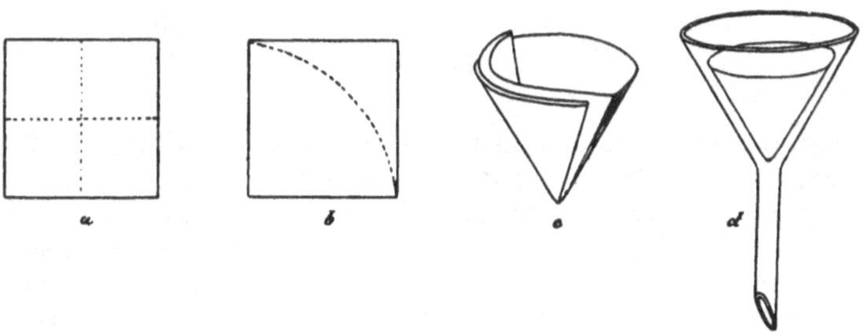

Figur 1.

zweimal im rechten Winkel (Fig. 1a)[1]) und schneidet die losen Ecken durch einen Viertelkreisschnitt mit der Schere ab (Fig, 1b). Jetzt wird die Papierdüte geöffnet (Fig. 1c) und in einen Trichter gesteckt, dessen konischer Teil wenigstens um 1 cm höher ist als das Filter; auf keinen Fall darf das Filter über den Rand des Trichters hinausragen. Vor dem Filtrieren wird das Filter mit einigen Tropfen Wasser benetzt und mit einem Finger an die Trichterwand fest angedrückt (Fig. 1d).

Für die qualitative Analyse und für präparative Arbeiten sind oft die „Faltenfilter“ vorzuziehen, da sie ein schnelleres Filtrieren ermöglichen; namentlich dann, wenn es nicht darauf ankommt, den auf dem Filter gesammelten Niederschlag genau auszuwaschen. Ein Faltenfilter (Fig. 2) wird ganz in der gleichen Weise begonnen wie das glatte Filter, nur wird das Quadrat noch zweimal im Winkel gefaltet bis zum $^1/_{16}$ Kreisausschnitte. Dann wird zum Halbkreise geöffnet (Fig. 2a) und von einer Seite beginnend jedes Achtel des Halbkreises aus freier Hand nochmals mit den Daumen, Zeige- und Mittelfingern

[1]) Fig. 1a ist im Vergleiche zu den übrigen Zeichnungen der Fig. 1 auf ein Viertel verkleinert wiedergegeben.

beider Hände gekniffen, wobei die mit den Spitzen aneinander gelegten Mittelfinger als Unterlage dienen. In Fig. 2 b ist die linke Hälfte des Filters so behandelt, die rechte noch nicht. Nun wird das Filter zur Tüte geöffnet und in den Trichter eingesetzt (Fig. 2 c). In der Her-

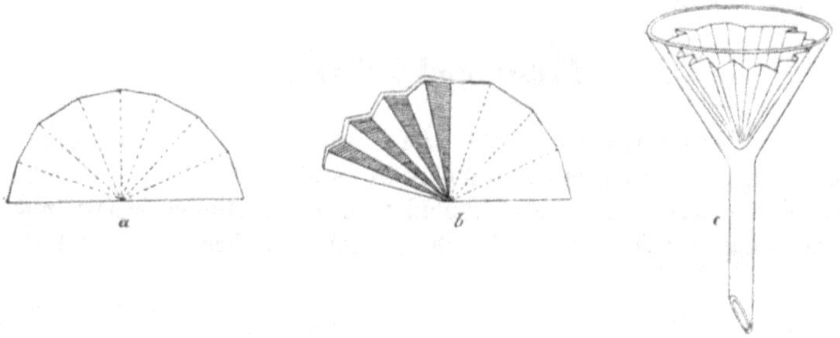

Figur 2.

stellung von Faltenfiltern erhält man leicht so viel Übung, daß ihre Anfertigung kaum länger dauert als die Anfertigung eines glatten Filters.

Beim Filtrieren gießt man das Filter nie ganz voll, damit nichts über den Rand des Filters steige. Mit dem Auswaschen, zu dem die Spritzflasche verwendet wird, beginnt man erst, wenn alle Flüssigkeit aus dem Filter abgelaufen ist, und läßt auch später das Filter jedesmal erst ganz abtropfen, ehe man weiteres Waschwasser aufspritzt. Die Hauptregel für ein Auswaschen ist: oftmals mit je wenig Wasser auswaschen, und jedesmal möglichst ablaufen lassen!

Da der Filtrationsprozeß bei feinflockigen Niederschlägen sehr langsam verläuft, ist es zuweilen empfehlenswert, die Fällung im Glase absitzen zu lassen, darauf zunächst die über dem Niederschlage stehende klare Flüssigkeit, ohne diesen aufzuwirbeln, durch das Filter abzugießen, und erst dann den Niederschlag mit etwas Wasser aufs Filter zu spülen. Man nennt dies Abgießen einer Flüssigkeit von einem Niederschlage „Dekantieren"; es gelingt bei schweren Niederschlägen leicht.

Die Bearbeitung des Glases.

Der Chemiker ist beim Zusammenstellen von Apparaten und bei anderen Gelegenheiten oft in der Lage, Glasröhren biegen zu müssen, sie zuzuschmelzen, Bruchstellen abzurunden etc. Es ist sehr erwünscht, wenn er sich darin bald eine gewisse Fertigkeit aneignet. Im folgenden seien hierzu einige Fingerzeige gegeben; besser als aus ihnen wird man die Sache durch Zusehen bei einem Geübten lernen.

Glasrohr schneiden. Glasröhren bis zu 1 cm Durchmesser zerschneidet man in folgender Weise. Mit einer scharfen dreikantigen Feile oder mit einem Glasmesser wird das Glasrohr zum Fünftel bis Viertel seines Umfanges mit einem Einschnitte versehen: dann faßt man es voll mit beiden Händen an der Einschnittstelle, so daß die sich berührenden Daumenspitzen dieser gegenüberstehen, und bricht unter leisem Ziehen das Rohr auseinander; bricht das Rohr nicht bei leisem Drucke, so muß man die Einschnittstelle vertiefen.

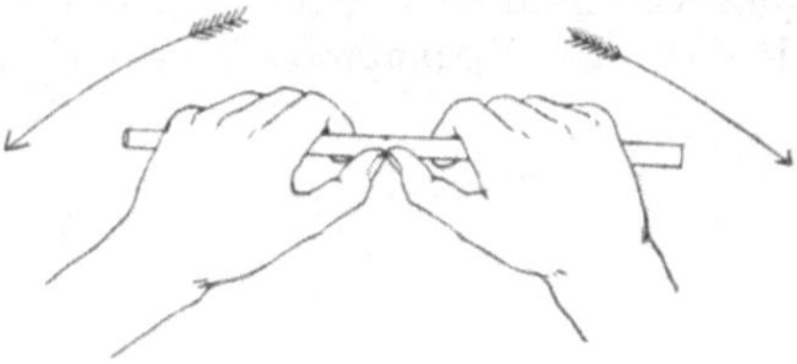

Figur 3.

Abkröseln. Sollte ausnahmsweise das Ende des abgeschnittenen Glasrohrstückes nicht eben sein, so kann man die hervorragenden Teile durch „Abkröseln" entfernen. Man benutzt dazu eine kleine Flachzange, mit der man nach und nach das Vorstehende in kleinen Partien mit einer Abziehbewegung abbröckelt. Auf jeden Fall muß diese Abzieh(brech)bewegung, wie Fig. 4 zeigt, nach dem Innern der Röhre zu gerichtet sein, weil sonst regelmäßig zu große Stücke ausbrechen.

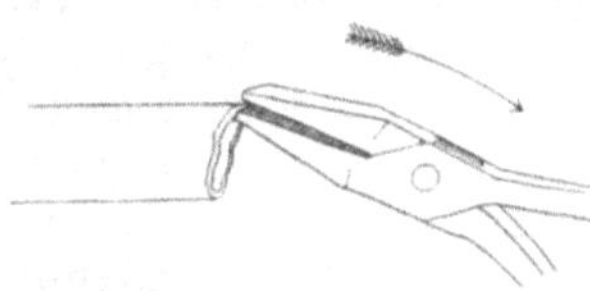

Figur 4.

Enden abrunden. Bei jedem Glasrohre, das zu einem Apparate verwandt werden soll, müssen die scharfkantigen Bruchstellen des Glases abgerundet werden. Dies macht man einfach dadurch, daß man das Ende des Rohrs in der leuchtenden Flamme des Gebläses (d. h. ohne Luftzufuhr) 2 bis 4 cm weit unter Drehen anwärmt und dann das äußerste Ende des Rohrs in der entleuchteten Gebläseflamme (d. h. mit Luftzufuhr) unter beständigem Drehen erweicht; dabei schmilzt der Rand glatt. Man hüte sich, ein zu großes Stück des Glasrohrs zu erweichen, weil sonst leicht der Durchmesser des Rohrs durch Einfallen des erhitzten Teils am Ende enger wird. Die Enden von weiteren Röhren werden in gleicher Weise abgerundet; nur muß dann der nächstliegende Teil sehr sorgfältig angewärmt werden, da er andernfalls leicht einspringt.

Herstellung einseitig geschlossener Glasröhrchen. Zu Glüh- und Sublimationsversuchen verwendet man vielfach einseitig geschlossene Röhrchen. Zu ihrer Herstellung schneidet man ein Glasrohr von etwa 0·6 cm äußerem Durchmesser in etwa 10 cm lange Stücke. Ein solches Stück erweicht man in der Mitte unter fortwährendem Drehen in der Gebläseflamme; wenn das Glas ganz weich geworden ist, nimmt man es aus der Flamme und zieht es sofort so aus, daß ein etwa 10 bis 15 cm langes, enges Glasröhrchen die beiden weiteren Stücke verbindet. Dieser enge Teil wird nun in der Mitte noch einen Augenblick in die Flamme gehalten (Fig. 5a), dadurch erweicht und auseinander gezogen. Jetzt nimmt man die eine Hälfte, erweicht unter beständigem Drehen die Verjüngungsstelle und zieht den Glasfaden ab, so daß das etwa 5 cm lange Röhrchen jetzt vollkommen geschlossen ist (Fig. 5b). Um den zunächst zugespitzten und unebenen Verschluß abzurunden, erhitzt man das Ende nochmals unter beständigem Drehen und bläst nach dem Herausnehmen aus der Flamme mit dem Munde vorsichtig auf; dies wird, wenn nötig, wiederholt, bis das Glasröhrchen durch eine gleichmäßig dicke Rundung geschlossen ist (Fig. 5c).

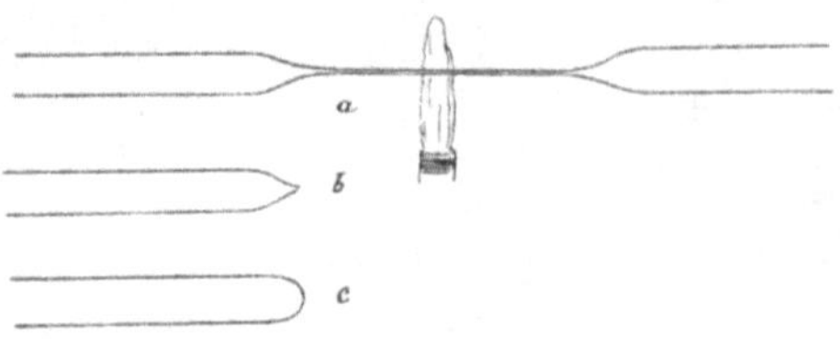

Figur 5.

In gleicher Weise können Probiergläser, deren Boden zerbrochen ist, wiederhergestellt werden.

Glasrohr biegen. Zum Biegen von Glasrohr verwendet man die nicht zu hoch brennende, leuchtende Flamme eines gewöhnlichen Schnittbrenners, nicht aber den Bunsenbrenner; mit der Gebläseflamme können nur Geübtere ein Glasrohr gut biegen. Man hält das zu biegende Glasrohr unter beständigem Drehen in den mittleren Teil der Flamme, so daß das Rohr mit seiner Längsrichtung in der Ebene der Flamme liegt, und ein etwa 4 cm langes Stück gleichmäßig erhitzt wird. Sobald das Rohr zu erweichen beginnt, fängt man an, langsam zu biegen; während des Biegens wird unter andauerndem Drehen weiter erwärmt. Biegt man zu rasch, so bekommt das Rohr einen Knick, wird dadurch an einer Stelle verengt (Fig. 6b) und bricht später leicht. Recht vorsichtig muß man sein, wenn das Rohr stärker als rechtwinklig gebogen werden soll; man hüte sich dabei, die Mitte der Biegestelle zu stark zu erwärmen.

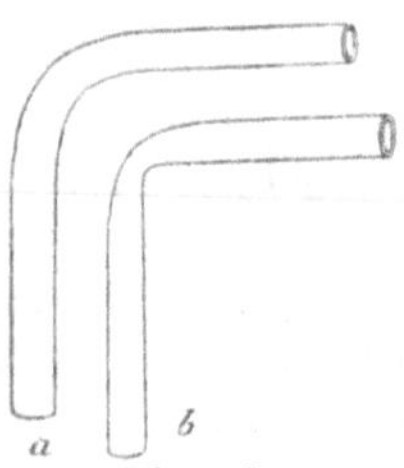

Figur 6.

Nach dieser Vorschrift stelle man sich ein rechtwinklig gebogenes Glasrohr her, dessen einer Schenkel etwa 4 cm, der andere etwa 12 cm lang ist; dies Rohr wird bei der Analyse zum Einleiten von Schwefelwasserstoffgas in Flüssigkeiten benutzt.

Glasröhren, die einen größeren Durchmesser als 0·8 cm haben, müssen mit Hilfe des Gebläses unter wiederholtem Aufblasen gebogen werden; dazu ist größere Übung nötig.

Spitze ausziehen. Um eine Spitze für eine Spritzflasche oder Bürette zu machen, darf man nicht so verfahren, wie es bei der Herstellung der einseitig geschlossenen Röhrchen beschrieben ist, weil der zugespitzte Teil des Rohrs dabei zu dünnwandig wird. Man muß vielmehr das auszuziehende Glasrohr unter fortwährendem Drehen so lange in der Gebläseflamme erhitzen, bis das Rohr an der erhitzten Stelle dickwandig geworden ist (Fig. 7 a). Hierzu ist einige Übung nötig; denn es ist nicht ganz leicht, die sehr weich gewordene Glasmasse ruhig und gleichmäßig in der Flamme zu drehen, ohne daß man sie deformiert. Hat das Glasrohr etwa doppelte Wandstärke erlangt, so nimmt man es aus der Flamme und zieht langsam aus, bis die gewünschte Verjüngung erreicht ist. Nach dem Erkalten schneidet man die zwei Spitzen ab und schmelzt die Ränder rund. Die Herstellung solcher Spitzen ist die beste Vorübung für kompliziertere Glasarbeiten, weil man dabei lernt, eine erweichte Glasmasse ruhig in der Flamme weiter zu glühen, was, wie gesagt, öfter gemacht sein muß, wenn es gut gelingen soll.

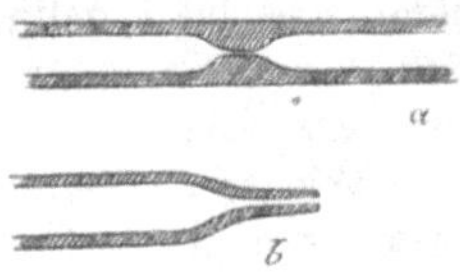

Figur 7.

Gebrauch des Lötrohrs.

Das früher viel benutzte Lötrohr findet im chemischen Laboratorium heutzutage nur noch wenig Verwendung — vielleicht weniger, als im Interesse der Sache liegt; in Hüttenlaboratorien etc. wird es auch jetzt noch mit bestem Erfolge vielfach benutzt. Das Lötrohr dient dazu, eine kräftige Stichflamme horizontal zu treiben, damit Stoffe, die auf einer die Wärme schlecht leitenden Unterlage, gewöhnlich einem Stücke Holzkohle, liegen, hoch erhitzt werden können. Durch Regulierung der Luftzufuhr gelingt es dem Geübten leicht, in der Flamme einen Überschuß an unverbrannten Gasen oder an sauerstoffhaltiger Luft vorherrschen zu lassen; man unterscheidet demnach eine reduzierend wirkende „Reduktionsflamme" und eine oxydierend wirkende „Oxydationsflamme". Die beiden Flammen sicher und rein zu erzeugen, ist nicht leicht und erfordert viel Übung; ebenso, sie längere Zeit ununterbrochen zu erhalten; man muß dabei durch die Nase atmen, ohne daß der mit dem Munde erzeugte Luftstrom unterbrochen wird; die dazu nötigen Einzelheiten lassen sich schlecht beschreiben; Hauptsache ist, daß man die Backen und die Brust möglichst aufbläst und nie vollkommen ausatmet. Am besten benutzt man als Flamme eine Öllampe mit flachem Dochte; für unsere Zwecke genügt die nicht ganz entleuchtete Flamme des Bunsenbrenners. Um eine Oxydationsflamme zu erhalten, führt man die Spitze des Lötrohrs 1 bis 2 cm über der Mündung des Brenners mitten in die Flamme ein und bläst kräftig, so daß aus der Brennerflamme ein Flammenspitzchen seitlich geblasen wird; in ihm erkennt man deutlich einen kurzen, inneren

Kegel und den ihn zum Teile umhüllenden, zum Teile fortsetzenden Flammenmantel: den eigentlichen Oxydationsraum. Zur Erzeugung einer Reduktionsflamme taucht man die Spitze des Lötrohrs nicht in die Flamme des Bunsenbrenners ein, sondern führt sie nur an diese heran und bläst gelinde, so daß ein großer Teil der Flamme, in dem sich weder ein innerer Kern, noch ein äußerer Mantel erkennen läßt, zur Seite schlägt.

Wie schon gesagt, lernt man die Verwendung des Lötrohrs am besten von einem Geübten.

In vielen Fällen, namentlich bei der Herstellung von Phosphorsalzperlen, genügt statt des Lötrohrs die Flamme des Bunsenbrenners. An dieser erkennt man leicht einen inneren großen Kern, der aus einem Gemische von Leuchtgas und der von unten in den Brenner eingeströmten — zur Verbrennung des Leuchtgases unzureichenden — Menge Luft besteht; der Kern leuchtet an seiner Spitze schwach, falls man etwas weniger Luft unten zuströmen läßt. Dieses leuchtende Spitzchen stellt einen Reduktionsraum dar, ebenso wie die innere Begrenzung dieses ganzen Hohlkegels. Der innere Kegel ist mit einem dünnen Verbrennungsmantel umgeben, der nach oben in eine größere, den oberen Reduktionsraum überdeckende Spitze ausläuft. Dieser Raum ist ein Oxydationsraum, da in ihn von außen Sauerstoff einströmt. Er ist der heißeste Teil der Bunsenflamme; der innere Kern der Flamme dagegen ist kalt, da in ihm eine Verbrennung nicht vor sich geht. Man überzeugt sich davon leicht, wenn man ein Streichholz ohne Kuppe quer durch die Flamme hält; nimmt man es bald wieder heraus, so sieht man, daß der in der Mitte der Flamme gewesene Teil unverändert geblieben ist, während vor und hinter ihm, da wo das Hölzchen den Mantel der Flamme schnitt, Bräunung und Verkohlung eingetreten ist. Dadurch, daß man eine Phosphorsalzperle in den Oxydationsraum hält, erhält man „Oxydationsperlen“; dadurch, daß man sie in den Reduktionsraum hält, „Reduktionsperlen“, die man zweckmäßig im innersten, kalten Teile der Flamme erkalten läßt, um eine nachträgliche Oxydation zu verhindern.

Auf jeden Fall erhält der Geübte mit dem Lötrohre bessere Oxydations- und Reduktionswirkungen, als sie mit dem Gasbrenner allein zu erzielen sind.

Kork bohren.

Um in einen Kork ein Loch zu bohren, wählt man einen Korkbohrer, der etwas enger ist, als das gewünschte Loch sein soll, erwärmt seine Schneide etwas in der Flamme eines Bunsenbrenners (auf keinen Fall bis zum Glühen) und setzt ihn auf die zu bohrende

Stelle auf. Dabei hält man den Korkbohrer in der vollen rechten Hand, ihn gegen die Handfläche stemmend, und den Kork mit den Fingerspitzen der linken Hand. Nun wird gebohrt, indem der Kork mit der linken Hand stets nach derselben Richtung gedreht und dabei leicht gegen den Korkbohrer gedrückt wird. Macht es Schwierigkeit, das Loch auf einmal durchzubohren so zieht man den Bohrer heraus, entfernt aus ihm das etwa mitgenommene Korkstöpselchen, erwärmt ihn nochmals und bohrt jetzt völlig durch. Auf jeden Fall muß das Bohren aus freier Hand geschehen; es darf dabei nicht etwa der Tisch als Unterlage benutzt werden, weil dabei sowohl der Tisch als auch der Korkbohrer leiden würden.

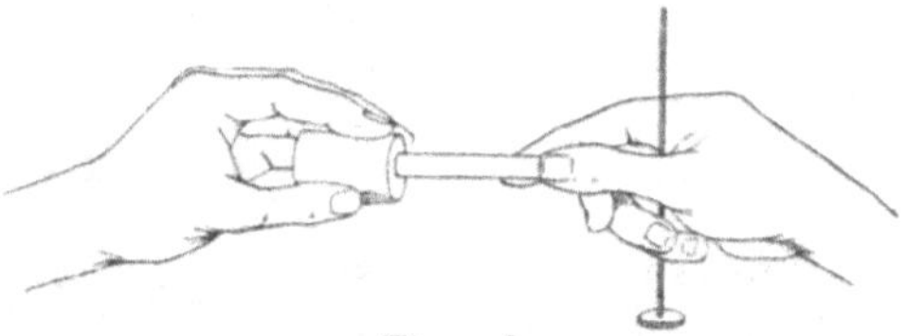

Figur 8.

Etwaige Beschädigungen des Korkbohrers, die kaum vorkommen, wenn in der angegebenen Weise verfahren wird, bessert man mit einem Korkbohrer-Schärfer oder einfach mit der Rund- und dreikantigen Feile aus.

Korke, die ein Kölbchen verschließen sollen, wählt man stets etwas größer aus, als zunächst nötig erscheint; durch vorsichtiges, allmählich verstärktes Pressen in einer Korkpresse unter öfterem Drehen des Korkes erweicht man den Kork, so daß er sich jetzt in den Hals des Kölbchens eindrehen läßt und einen festen Verschluß abgibt. Soll durch einen solchen Kork ein Loch gebohrt sein, so erweicht man zunächst den Kork, bohrt dann das Loch und drückt schließlich den durch das Bohren erweiterten Kork nochmals, während das Loch entweder durch die Rundfeile oder das entsprechende Korkbohrerröhrchen ausgefüllt ist.

Säuren.

Säuren sind wasserstoffhaltige Verbindungen, deren Wasserstoff ganz oder zum Teile durch Metall ersetzt werden kann. Einbasische Säuren sind solche Säuren, in denen nur ein durch Metall ersetzbares Wasserstoffatom enthalten ist (Chlorwasserstoffsäure HCl; Salpetersäure HNO_3); zwei-, drei-, vierbasische Säuren enthalten zwei, drei, vier solcher Wasserstoffatome (Schwefelsäure H_2SO_4; Phosphorsäure H_3PO_4; Pyrophosphorsäure $H_4P_2O_7$).

Beim Ersatze der Säurewasserstoffatome durch Metallatome entstehen aus den Säuren die Salze (Erste Definition von Salzen). Neutrale Salze entstehen aus den Säuren dadurch, das aller überhaupt durch Metall ersetzbarer Wasserstoff durch Metall ersetzt wird (z. B. Kaliumchlorid KCl; Natriumsulfat Na_2SO_4; Natriumphosphat Na_3PO_4). Saure Salze sind Salze, in denen nicht aller ersetzbarer Wasserstoff durch Metall ersetzt ist (z. B. Natriumhydrosulfat $NaHSO_4$; Dinatriumhydrophosphat Na_2HPO_4). Eine weitere Reihe saurer Salze entsteht durch Zusammenlagerung von Molekeln des neutralen Salzes und Molekeln der Säure, z. B. Kaliumhydrofluorid KHF_2; Natriumhydrofluorid $NaHF_2$; Kaliumtrinitrat $KH_2(NO_3)_3$.

Bei dreibasischen Säuren gibt es zwei Reihen von sauren Salzen, zu deren Unterscheidung man vielfach die Worte „primär“ und „sekundär“ verwendet; die entsprechenden neutralen Salze bezeichnet man als „tertiäre Salze“.

NaH_2PO_4 primäres Natriumphosphat
$Ca(H_2PO_4)_2$ primäres Calciumphosphat

Na_2HPO_4 sekundäres Natriumphosphat
$CaHPO_4$ sekundäres Calciumphosphat

Na_3PO_4 tertiäres Natriumphosphat
$Ca_3(PO_4)_2$ tertiäres Calciumphosphat.

Wie die Beispiele zeigen, nennt man tertiär die Salze, in denen alle drei Wasserstoffatome einer dreibasischen Säuremolekel durch Metall ersetzt sind; sekundär die, in denen zwei, und primär die, in denen ein Wasserstoffatom durch Metall ersetzt ist.

Wäßrige Lösungen der Säuren färben blaues Lackmuspapier rot und entfärben eine Phenolphthaleïnlösung, die durch geringen Alkalizusatz rot gefärbt worden ist; die gelbe Farbe von Methylorange geht durch Säurezusatz in rosa über: „saure Reaktion“.

Chlorwasserstoffsäure und Chlor.

Chlorwasserstoff HCl ist ein farbloses, stechend riechendes, an der Luft durch Wasseranziehung und Nebelbildung rauchendes Gas, das sich in Wasser sehr reichlich löst. Die „konzentrierte Chlorwasserstoffsäure" oder „Salzsäure" des Laboratoriums ist eine 35 bis 40 %ige, die verdünnte eine etwa 10 %ige, die „2 norm. Chlorwasserstoffsäure" eine 7·05 %ige wäßrige Lösung des Gases. Rohe Chlorwasserstoffsäure enthält etwas Ferrichlorid und ist dadurch gelb gefärbt. In warmem Wasser, ferner in Lösungen seiner Salze und in anderen Säuren ist Chlorwasserstoff weniger löslich als in reinem, kaltem Wasser. Kleinere Mengen Chlorwasserstoffgas kann man deshalb durch Zutropfen von konzentrierter Schwefelsäure zu starker Chlorwasserstoffsäure herstellen; größere Massen stellt man, wie es auch in den Fabriken geschieht, durch Erhitzen von Natriumchlorid mit Schwefelsäure her.

Chlorwasserstoffsäure löst viele Metalle unter Abgabe ihres Wasserstoffgehaltes auf, z. B. Eisen, Zink, Aluminium. Das in der Chlorwasserstoffsäure enthaltene Chlor kann man durch Erwärmen mit Oxydationsmitteln wie Bleidioxyd, Mangandioxyd frei machen.

Chlor zersetzt viele Farbstoffe und bleicht infolgedessen. Aus Jodiden und Bromiden verdrängt es die Halogene und setzt sie in Freiheit.

Chlorwasserstoffsäure und ihre Salze geben in wäßriger Lösung mit Silbernitrat einen weißen Niederschlag von Silberchlorid.

Man erhitze in einem Probierglase 1 bis 2 cm³ konzentrierter Chlorwasserstoffsäure (10 bis 20 Tropfen) unter dem Abzuge; es entweicht feuchtes Chlorwasserstoffgas.[1])

Zu 1 bis 2 cm³ konzentrierter Chlorwasserstoffsäure, die sich in einem Probierglase befinden, gieße man, ebenfalls unter dem Abzuge, aus einem zweiten Probierglase nach und nach etwa die doppelte Raummenge konzentrierter Schwefelsäure. Es entwickelt sich unter starkem Aufschäumen ein reichlicher Strom von Chlorwasserstoff. Bei diesem Versuche darf man die Schwefelsäure nicht aus der Vorrats-

[1]) Beim Erhitzen von Flüssigkeiten im Probierglase, besonders von gasgesättigten Flüssigkeiten oder solchen, in denen feste Partikelchen ausgeschieden sind, ist das Probierglas leicht und andauernd zu bewegen; durch diese leichten Schüttelbewegungen wird einem Siedeverzuge und dem damit verbundenen Herauskochen der Flüssigkeit aus dem Rohre vorgebeugt. Außerdem werden dadurch die Wände des Rohrs innen, soweit sie erhitzt werden, andauernd mit Flüssigkeit befeuchtet, wodurch eine Überhitzung des oberen Randes der Flüssigkeit vermieden wird. **Beim Kochen im Probierglase halte man stets die Mündung von sich und anderen Personen ab, damit niemand verbrüht werde, falls doch einmal ein Herauskochen stattfinden sollte.**

flasche direkt zur Chlorwasserstoffsäure gießen, weil der Vorrat sonst durch das entweichende Chlorwasserstoffgas verunreinigt würde.

Eine Federmesserspitze Natriumchlorid erhitze man mit etwa 1 cm^3 konzentrierter Schwefelsäure im Probierglase unter dem Abzuge. Es entweicht Chlorwasserstoff, den man bei dieser Darstellungsmethode ganz wasserfrei erhält.

$$2\,NaCl + H_2SO_4 = 2\,HCl + Na_2SO_4$$

In ein etwa 50 cm^3 fassendes Kölbchen bringe man etwa 4 g granuliertes Zink, befeuchte es mit einigen Tropfen Wasser und übergieße es mit soviel konzentrierter Chlorwasserstoffsäure, daß die Metallstücke eben bedeckt sind. Sofort decke man auf den Hals des Kölbchens einen Trichter — die Öffnung nach unten —, und halte über das nach oben gerichtete Abflußrohr des Trichters ein Probierglas, ohne es auf den Trichter selbst aufzusetzen. Nach $^1/_2$ bis 1 Minute hebe man das Probierglas hoch, verschließe die Mündung sofort mit dem Daumen drehe es verschlossen um und öffne es dicht an einer Flamme. Das Wasserstoffgas entzündet sich und brennt mit farbloser, kaum sichtbarer Flamme im Probierglase herab. Nachdem die Flamme vollkommen erloschen ist, halte man das Probierglas noch einmal, aber kürzere Zeit, über den Trichter, so daß die Luft aus ihm nur zum Teile verdrängt werde. Beim Entzünden explodiert nun der Inhalt des Probierrohrs — je nach dem Mengenverhältnisse der Mischung — mehr oder weniger lebhaft (Knallgas).

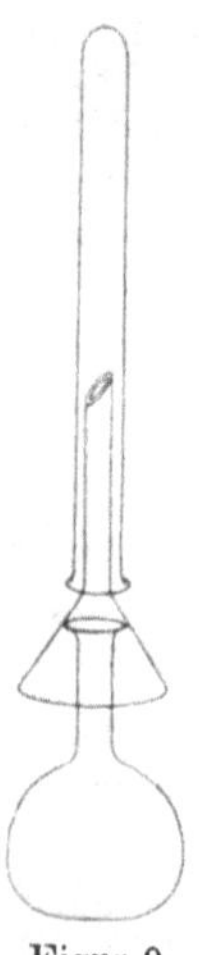

Figur 9.

In gleicher Weise löst sich Eisen, Aluminium, Zinn in starker Chlorwasserstoffsäure unter Wasserstoffentwicklung auf.

Man erwärme eine Federmesserspitze Bleidioxyd mit etwa 1 cm^3 konzentrierter Chlorwasserstoffsäure im Probierglase unter dem Abzuge. Es entweicht Chlor, ein gelblich-grünes Gas von charakteristischem, unangenehmen Geruche. Chlor greift die Schleimhäute stark an; man hüte sich also, viel davon einzuatmen. Im Probierglase bleibt neben überschüssiger Chlorwasserstoffsäure ein weißes Kristallpulver, nämlich Bleichlorid, zurück.

$$4\,HCl + PbO_2 = 2\,H_2O + PbCl_2 + 2\,Cl$$

Zur technischen Darstellung von Chlor wird statt des teueren Bleidioxyds das billige rohe Mangandioxyd, nämlich der Braunstein, verwandt. Man stelle sich einen kleinen Gasentwicklungsapparat nach Fig. 10 her; das Kölbchen fasse 50 cm^3; das Glasrohr sei so zum Winkel von 65 bis 75° gebogen, daß der eine Schenkel etwa 6 cm, der andere etwa 16 cm lang ist; die Glasrohrenden seien rund geschmolzen. Wenn der Apparat zusammengestellt ist, prüfe man durch Hineinblasen, ob er dicht schließt.

In diesen Apparat bringe man etwa 2 g Braunstein und 5 bis 7 cm^3 konzentrierte Chlorwasserstoffsäure, verschließe ihn und hänge ihn mit dem

Glasrohre in ein zum Drittel mit Wasser gefülltes Probierglas, das man mit der Hand hält; man führe jetzt das frei schwebende Kölbchen über eine kleine Gasflamme und erwärme allmählich. Zuerst entweicht Luft durch das vorgelegte Wasser; dann kommt Chlorgas, das zum Teile vom Wasser gelöst wird, dieses gelblich färbend. Es bildet sich „Chlorwasser", daß bis zu 0·4 % Chlor enthalten kann. Nach einigen Minuten faßt man den kleinen Gasentwicklungsapparat am Korke, nimmt das vorgelegte Probierglas fort und entfernt das Entwicklungskölbchen erst jetzt von der Flamme (würde man es zuerst von der Flamme entfernen, so würde das Chlorwasser in den schnell erkaltenden Apparat zurücksteigen). Der Versuch ist unter einem Abzuge oder im Stinkraume auszuführen. Man reinigt den kleinen Gasentwicklungsapparat und hebt ihn zu späteren Versuchen auf.

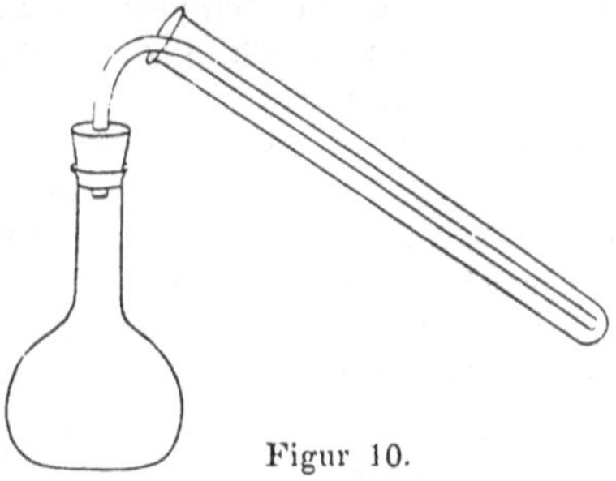

Figur 10.

$$4\,HCl + MnO_2 = 2\,H_2O + MnCl_2 + 2\,Cl$$

In das den oberen Teil des Probierglases erfüllende Chlor halte man etwas rotes und etwas blaues Lackmuspapier; es tritt Entfärbung des Lackmusfarbstoffes ein. Zu 1 cm^3 Indigolösung gebe man etwas Chlorwasser: sofort verschwindet die tiefblaue Farbe des Indigos, und eine gelbrote von Zersetzungsprodukten des Indigos tritt auf. Man gebe zu einigen Tropfen Kaliumjodidlösung und zu einigen Tropfen Kaliumbromidlösung je einen Tropfen Chlorwasser; es tritt Braunresp. Gelbfärbung von frei gewordenem Jod und Brom auf.

$$KJ + Cl = KCl + J$$
$$KBr + Cl = KCl + Br$$

Man vermische einen Tropfen verdünnter Chlorwasserstoffsäure mit einigen Kubikzentimetern destillierten Wassers und füge etwas verdünnte Silbernitratlösung hinzu; es entsteht ein weißer Niederschlag von Silberchlorid, der sich beim Umschütteln flockig zusammenballt. Er ist in Salpetersäure unlöslich, wird aber durch Zusatz von Ammoniaklösung gelöst (wichtige Erkennungsprobe).

$$HCl + AgNO_3 = AgCl + HNO_3$$

Man löse ein Körnchen Natriumchlorid in destilliertem Wasser auf, füge einige Tropfen Salpetersäure und alsdann etwas Silbernitratlösung hinzu. Es fällt Silberchlorid aus.

Zur Prüfung von Salzlösungen auf einen etwaigen Chloridgehalt setzt man stets etwas Salpetersäure hinzu, bis die Lösung stark sauer reagiert, weil aus neutralen Lösungen schwerlösliche Silbersalze anderer Säuren ausfallen können. Man stelle dies mit einem Tropfen Natriumcarbonatlösung fest, den man mit etwas Wasser und einigen Tropfen Silbernitratlösung versetzt. Es entsteht ein dicker Niederschlag von Silbercarbonat, der sich aber auf Zusatz von Salpetersäure auflöst. Ist diese Lösung jetzt völlig klar, so war das Natriumcarbonat völlig frei von Natriumchlorid; bleibt eine Trübung, so enthielt es davon.

Zum Nachweise von Chloriden im Wasserleitungswasser setze man zu einem Probierglase voll Wasser einige Tropfen Salpetersäure und etwas Silbernitratlösung. Eine Trübung zeigt einen geringeren, ein Niederschlag einen größeren Gehalt an Chloriden an.

Zur Anstellung aller dieser Versuche sind natürlich nur Probiergläser, die sorgfältig mit destilliertem Wasser ausgespült sind, zu verwenden.

Der Chlorwasserstoffsäure stehen die Jodwasserstoffsäure HJ, die Bromwasserstoffsäure HBr, die Cyanwasserstoffsäure HCN sehr nahe und verhalten sich in den meisten Umsetzungen wie jene. Eine experimentelle Untersuchung dieser Säuren soll erst später vorgenommen werden.

Chemische Umsetzungen.

Unter einer chemischen Umsetzung oder Reaktion versteht man einen Vorgang, bei dem sich aus vorhandenen Stoffen neue Stoffe bilden. Bei der Umsetzung zwischen Chlorwasserstoff und Silbernitrat bilden sich Silberchlorid und Salpetersäure.

Zwischen festen Stoffen gehen Umsetzungen nur sehr langsam oder gar nicht vor sich; schneller zwischen einem festen Stoffe einerseits und einem flüssigen oder gasförmigen Stoffe anderseits: am schnellsten in gasförmigen oder in flüssigen Gemischen. In der analytischen Chemie verwendet man fast ausschließlich wäßrige Lösungen.

Zum Erkennen von Stoffen durch chemische Umsetzungen wendet man solche Umsetzungen an, bei denen Stoffe von recht augenfälligen Eigenschaften entstehen, also gefärbte Stoffe oder unlösliche Stoffe, die sich aus dem Gemische ausscheiden und leicht erkennbare Eigenschaften besitzen („charakteristische Reaktionen"). Eine Reaktion ist „empfindlich", wenn sie schon mit Anwendung einer sehr geringen Stoffmenge ausführbar ist. So ist Silbernitrat ein empfindliches Reagens auf Chlorwasserstoffsäure, weil schon die geringste Masse Chlorwasserstoffsäure sich mit ihm durch die Bildung eines voluminösen Niederschlages von Silberchlorid bemerkbar macht; dieser Niederschlag ist von weißer Farbe, ist unlöslich in Salpetersäure und leicht löslich in Ammoniaklösung. Er könnte nur mit dem Silbercyanidniederschlage verwechselt werden, der sich ebenso verhält; von diesem kann er aber durch gewisse, später zu beschreibende Umsetzungen unterschieden werden.

Für den analytischen Chemiker ist es von Wert, die chemischen Umsetzungen, die zur Erkennung eines Stoffes verwendbar sind, kennen zu lernen, den Grad ihrer Zuverlässigkeit und die Bedingungen, unter denen sie eintreten, zu wissen.

Im folgenden sind die Umsetzungen meist in Gleichungen zusammengefaßt. Das dabei nur als Lösungsmittel vorhandene Wasser ist in den Gleichungen stets weggelassen. Auch sind für auftretende Elemente nicht die Molekelformeln, sondern die Atomformeln geschrieben, also nicht H_2, sondern 2 H, weil dies der primäre Vorgang ist; auch ist vielfach die Molekelgröße der Elemente nicht bekannt.

z. B.
$$NaCl + AgNO_3 = AgCl + NaNO_3$$
$$2\,NaCl + H_2SO_4 = 2\,HCl + Na_2SO_4$$
$$HgO = Hg + O$$

Schwefelsäure.

Die Schwefelsäure ist eine farblose, geruchlose, dickölige Flüssigkeit. Die „konzentrierte Schwefelsäure" des Laboratoriums enthält etwa 97 bis $98\,^1/_2\,\%$ Schwefelsäure, die „verdünnte" 10 %, die „2 norm. Schwefelsäure" 9.25 %. Rohe, konzentrierte Schwefelsäure enthält etwas Bleisulfat. Konzentrierte Schwefelsäure zerstört viele organische Stoffe, oftmals unter Verkohlung. Beim Arbeiten mit Schwefelsäure ist also große Vorsicht und Sauberkeit nötig.[1]) Beim Mischen mit Wasser erwärmt sie sich stark.

Verdünnte Schwefelsäure löst viele Metalle (Eisen, Aluminium, Zink) unter Wasserstoffentwicklung zu ihren schwefelsauren Salzen (Sulfaten) auf:

$$H_2SO_4 + Fe = FeSO_4 + 2\,H$$

Konzentrierte Schwefelsäure löst die genannten Metalle und andere Metalle in der Kälte nicht auf. Bei höherer Temperatur bilden sich ebenfalls die Sulfate; der frei werdende Wasserstoff wirkt aber auf die überschüssige Schwefelsäure ein und reduziert sie zu Schwefeldioxyd:

$$\left\{\begin{array}{l} Fe + H_2SO_4 = FeSO_4 + [2\,H] \\ 2\,H + H_2SO_4 = 2\,H_2O + SO_2 \end{array}\right\}$$

Wird Zink statt Eisen verwandt, so geht der Reduktionsprozeß der zweiten Gleichung weiter, und es entsteht Schwefel und manchmal sogar Schwefelwasserstoff:

$$6\,H + H_2SO_4 = 4\,H_2O + S$$
$$8\,H + H_2SO_4 = 4\,H_2O + H_2S$$

Der Schwefel ist in der Schwefelsäure sehr wahrscheinlich sechswertig; er bindet direkt zwei Sauerstoffatome je mit doppelter Bindung und außerdem zwei Hydroxyle. Wenn man die Bindungen durch Striche wiedergibt, wäre die Konstitutionsformel der Schwefelsäure:

$$\begin{array}{c} O \\ O \end{array}\!\!\gg S <\!\!\begin{array}{c} OH \\ OH \end{array}$$

Dabei ist jedoch zu bemerken, daß unsere Kenntnis von den Bindungsverhältnissen der Atome in unorganischen Stoffen außerordentlich beschränkt ist, während sich die Bindungsverhältnisse in organischen Stoffen meist mit großer Sicherheit feststellen ließen.

Während Chlorwasserstoffsäure als sauerstofffreie Säure nicht imstande ist, ein Anhydrid zu geben, entsteht aus Schwefelsäure ein solches: SO_3, „Schwefelsäureanhydrid" oder „Schwefeltrioxyd". Schwefeltrioxyd ist ein farbloses Öl oder ein farbloser, kristallinischer Stoff, der an der Luft unter Wasseranziehung stark raucht. Durch Auflösen von Schwefeltrioxyd in konzentrierter Schwefelsäure erhält man die „rauchende Schwefelsäure". Theoretisch wird diese nicht als

[1]) In Kleider frißt konzentrierte Schwefelsäure gewöhnlich Löcher; verdünnte erzeugt rote Flecke, die durch Betupfen mit Ammoniaklösung — auch nach einiger Zeit noch — zu entfernen sind.

eine Auflösung, sondern als eine neue Verbindung „Pyroschwefelsäure“ aufgefaßt, die man sich auch aus zwei Molekeln Schwefelsäure unter Abspaltung einer Molekel Wasser entstanden denken kann.

$$\begin{matrix} SO_2<{}^{OH}_{OH} \\ SO_2<{}^{OH}_{OH} \end{matrix} = H_2O + \begin{matrix} SO_2<{}^{OH} \\ \quad >O \\ SO_2<{}_{OH} \end{matrix}$$

Die „rauchende Schwefelsäure“ des Handels ist ein Gemisch dieser Pyroschwefelsäure mit konzentrierter Schwefelsäure oder mit Schwefeltrioxyd.

Beim Erwärmen gibt die rauchende Schwefelsäure Dämpfe von Schwefeltrioxyd ab.

Man übergieße ein Stück Filtrierpapier, das in einer Abdampfschale liegt, mit einigen Tropfen konzentrierter Schwefelsäure; es löst sich langsam unter Bildung einer hellgelben Lösung auf. Man werfe ein Stückchen Streichholz (ohne Kuppe) in ein Probierglas zu ein wenig konzentrierter Schwefelsäure; unter Schwarzfärbung tritt Zerstörung der organischen Substanz ein.

Zu 3 cm³ Wasser gieße man aus einem zweiten Probierglase etwa den gleichen Raumteil konzentrierter Schwefelsäure. Die Mischung erwärmt sich stark. Man merke sich als Regel, daß bei Herstellung größerer Massen verdünnter Schwefelsäure stets die konzentrierte Säure langsam zum Wasser gegossen werden muß, nicht umgekehrt das Wasser zur Säure.

Man übergieße in einem Probierglase etwas Zinkgranalien mit verdünnter Schwefelsäure, der man zweckmäßig einige Tropfen konzentrierter Schwefelsäure beimischt. Das Zink löst sich lebhaft zu Zinksulfat, und Wasserstoff entweicht reichlich.

$$Zn + H_2SO_4 = ZnSO_4 + 2H$$

Man erhitze in einem trocknen Probierglase eine Federmesserspitze Eisenspäne oder einige Stückchen Kupfer mit 10 Tropfen konzentrierter Schwefelsäure bis fast zum Sieden der Schwefelsäure. Es entweicht Schwefeldioxyd, das an seinem Geruche (Geruch nach brennendem Schwefel) zu erkennen ist.

Man erhitze im trocknen Probierglase ein Stückchen Stangenzink von etwa 1 cm Länge mit wenig konzentrierter Schwefelsäure so stark, daß eine Umsetzung unter schwachem Aufschäumen beginnt. Die Umsetzung geht dann meist ohne weitere Wärmezufuhr fort: sollte sie nachlassen, so werde sie durch erneutes Erwärmen wieder in Gang gebracht. Während sich in der Flüssigkeit festes Zinksulfat ausscheidet, bildet sich im oberen Teile des Probierglases ein gelber Beschlag von Schwefel, und gelbe Schwefeltröpfchen scheiden sich ab — ein Beweis für das Vorhandensein von Schwefel in der Schwefelsäure; entweichendes Schwefeldioxyd, und manchmal auch Schwefelwasserstoffgas sind am Geruche zu erkennen. Granuliertes Zink oder Zinkspäne sind bei diesem Versuche nicht zu verwenden, da sie zu heftig einwirken. Der Versuch ist unter dem Abzuge anzustellen.

Zur Darstellung von Schwefeldioxyd in größerem Maßstabe läßt man am besten Kupfer auf heiße Schwefelsäure einwirken. Man bringe in den zur Darstellung von Chlorwasser schon benutzten kleinen Gasentwicklungsapparat (Fig. 10) einige Stückchen Kupferblech zu 4 bis 5 cm^3 konzentrierter Schwefelsäure und erhitze in der beschriebenen Weise. vermeide aber sorgfältig ein Zurücksteigen des vorgelegten Wassers, da es auf die heiße Schwefelsäure explosionsartig einwirken würde. Man erhält im vorgelegten Probierglase eine wäßrige Lösung von schwefliger Säure H_2SO_3.

$$SO_2 + H_2O = H_2SO_3$$

Schweflige Säure ist ein kräftiges Reduktionsmittel, da sie das Bestreben hat, unter Sauerstoffaufnahme in Schwefelsäure überzugehen.

$$H_2SO_3 + O = H_2SO_4$$

Um diese Wirkung der schwefligen Säure zu erproben, gieße man zu etwas Mercurichloridlösung drei bis vier Raumteile Schwefligsäurelösung. Es fällt beim Erwärmen aus der zunächst klaren Mischung weißes Mercurochlorid aus, das sich später durch weitere Reduktion zu Quecksilber meist grau färbt.

$$2\,HgCl_2 + H_2SO_3 + H_2O = 2\,HgCl + H_2SO_4 + 2\,HCl$$

Man versetze ein halbes Probierglas konzentrierter roher Schwefelsäure mit ebensoviel Wasser und lasse die Mischung über Nacht stehen. Die schon bald nach dem Zusammengießen entstandene Trübung von Bleisulfat, das in verdünnter Säure weniger löslich ist als in konzentrierter, hat sich dann zu Boden gesetzt; man gieße die Flüssigkeit vorsichtig vom Niederschlage ab, setze zum Rückstande etwas Wasser, etwas Ammoniak zur Neutralisation der noch vorhandenen Schwefelsäure (Prüfung mit Lackmuspapier) und einige Tropfen Ammoniumsulfidlösung. Die Masse färbt sich jetzt schwarzbraun, indem das weiße Bleisulfat $PbSO_4$ in Bleisulfid PbS übergeht. Durch diese Umsetzung ist die Gegenwart von Blei in der rohen konzentrierten Schwefelsäure erwiesen.

$$PbSO_4 + (NH_4)_2S = PbS + (NH_4)_2SO_4$$

Man erhitze unter dem Abzuge etwa 1 cm^3 rauchender Schwefelsäure in einem trocknen Probierglase; es steigen dicke, weiße Dämpfe von Schwefeltrioxyd SO_3 auf.

Als Reagens auf Schwefelsäure und Sulfate werden wasserlösliche Bariumsalze verwandt; gewöhnlich nimmt man Bariumchlorid. Man verdünne einen Tropfen verdünnter Schwefelsäure mit einigen Kubikzentimetern Wasser und setze einige Tropfen Bariumchloridlösung hinzu: es fällt weißes Bariumsulfat aus (wichtige Erkennungsprobe).

$$H_2SO_4 + BaCl_2 = BaSO_4 + 2\,HCl$$

Alle wasserlöslichen Sulfate geben diese Reaktion. Zweckmäßig fügt man stets etwas Chlorwasserstoff- oder Salpetersäure hinzu, weil auch Salze anderer Säuren (Carbonate, Phosphate) mit Bariumchlorid Niederschläge geben; die Niederschläge dieser Säuren fallen aber nur aus neutralen oder alkalischen Lösungen, während das in Säuren unlösliche Bariumsulfat der einzige Bariumniederschlag ist, der auch aus saurer Lösung ausfällt.

Wird zu starker Bariumchloridlösung konzentrierte Chlorwasserstoff- oder Salpetersäure gesetzt, so fällt das in weniger verdünnten Säuren schwerer lösliche Bariumchlorid (ev. auch Bariumnitrat) aus; beim Versetzen der Mischung mit Wasser löst sich dieser Niederschlag wieder auf. Man hüte sich vor einem aus diesem Verhalten entspringenden Irrtume.

Man weise nach dieser Vorschrift Schwefelsäure im Kupfersulfate und im Natriumsulfate nach, verwende von beiden Salzen aber nur ganz kleine Proben.

Konzentration der Lösungen; Normallösungen.

Es ist zweckmäßig, bei Umsetzungen von den sich umsetzenden Stoffen gerade die nötigen Massen zu verwenden; ein Überschuß eines der Stoffe würde — von besonderen Ausnahmefällen abgesehen — zweckloser Ballast und Verschwendung sein. Deshalb verwendet man in den Laboratorien Lösungen von bestimmtem Gehalte.

Den Gehalt einer Lösung an gelöstem Stoffe kann man in zweierlei Weise angeben: entweder nennt man den Prozentgehalt oder die Konzentration. Unter Prozentgehalt versteht man die Angabe der Gramm gelösten Stoffes, die in 100 Gramm der Lösung enthalten sind; unter Konzentration die Angabe der Gramm gelösten Stoffes, die in 100 Kubikzentimetern der Lösung enthalten sind. Beide Angaben stehen zueinander in der Beziehung, daß das Produkt aus Prozentgehalt und Dichte der Lösung gleich der Konzentration ist.

Früher — und vielfach auch jetzt noch — verwendete man Lösungen von festgesetztem Prozentgehalte, meist $10^{0}/_{0}$ige Lösungen. Das ließ sich leicht merken, und man konnte beim Gebrauche sich durch eine Überschlagsrechnung schnell ausrechnen, wieviel man von jeder Lösung brauchte, um eine glatte Umsetzung zu erzielen. Auch entsprechen einige der wichtigsten gleichprozentigen Reagenslösungen einander annähernd: so die Chlorwasserstofflösung und die Natriumhydroxydlösung; und, wenn auch weniger gut, die Schwefelsäure- und Salpetersäurelösungen. In einer Ammoniaklösung ist aber zwei- bis dreimal soviel Ammoniak enthalten, als zur Sättigung des gleichen Raumteiles der genannten anderen gleichprozentigen Säurelösungen erforderlich ist.

Seit einiger Zeit stellt man deshalb — viel sachgemäßer — die Lösungen nach einem anderen Prinzipe her. Man löst nicht, wie eben geschildert, von jedem Stoffe das gleiche Gewicht, etwa 10 g, für 100 g Lösung auf, sondern man berechnet ein für alle Male, wieviel von jedem Stoffe zu einem Liter Lösung gelöst werden muß, damit alle Lösungen für gleiche Raumteile gleichwertig („äquivalent") werden, und stellt die Lösungen nach diesem Ansatze her. So kann man von den einwertigen Säuren und den einwertigen Basen ein Gramm-Molekelgewicht (ein „Mol") zu je einem Liter Lösung mit Wasser lösen, also 36·47 g Chlorwasserstoff [HCl]; 63·02 g Salpetersäure [HNO_3]; 40·01 g Natriumhydroxyd [$NaOH$]; 56·11 g Kaliumhydroxyd [KOH]; 17·03 g Ammoniak [NH_3]. Gleiche Raumteile dieser Lösungen entsprechen dann einander vollkommen; je ein Kubikzentimeter dieser Säurelösungen wird genau durch einen Kubikzentimeter dieser Baselösungen neutralisiert. Von zweiwertigen Säuren und zweiwertigen Basen wird ein halbes

Mol, von dreiwertigen ein drittel Mol gelöst; also $\frac{98{\cdot}09}{2} = 49{\cdot}045$ g Schwefelsäure $[H_2SO_4]$; $\frac{171{\cdot}39}{2} = 85{\cdot}695$ g Bariumhydroxyd $[Ba(OH)_2]$. Von Salzen verwendet man entsprechende Massen, z. B. 169·89 g Silbernitrat $[AgNO_3]$; $\frac{208{\cdot}29}{2} = 104{\cdot}145$ g Bariumchlorid $[BaCl_2]$; $\frac{162{\cdot}23}{3} = 54{\cdot}1$ g Ferrichlorid $[FeCl_3]$.

Solche Lösungen nennt man „Normallösungen", z. B. „norm. Natriumhydroxydlösung" oder „n Natriumhydroxydlösung".

Lösungen von doppelter Konzentration heißen „Doppeltnormallösungen"; Lösungen, die ein Zehntel so stark sind, „Zehntelnormallösungen" etc., z. B. „2 n Chlorwasserstofflösung"; „$\frac{n}{10}$ Schwefelsäurelösung". Von Doppeltnormallösungen braucht man selbstverständlich das halbe Raummaß, von Zehntelnormallösungen das Zehnfache, um gleichviel des gelösten Stoffes zu haben, als von Normallösungen.

Zur Berechnung der molaren Konzentration einer beliebigen Lösung, z. B. einer Chlorwasserstofflösung, die 100 g Chlorwasserstoff im Liter enthält, stellt man folgende Überlegung an: eine Lösung von 36·47 g Chlorwasserstoff im Liter ist normal; eine Lösung von 1 g Chlorwasserstoff im Liter ist also $\frac{1}{36{\cdot}47}$ normal; und die fragliche Lösung demnach $\frac{100}{36{\cdot}47}$ normal: sie enthält also 2·7 Mol Chlorwasserstoff im Liter.

Salpetersäure.

Salpetersäure HNO_3 ist eine farblose Flüssigkeit, die sich am Lichte unter geringer Zersetzung gelb färbt. Die konzentrierte Salpetersäure des Laboratoriums ist etwa 66 %ig, die „verdünnte" ist etwa 10 %ig, die „2 norm." ist 11·8 %ig; die „rauchende Salpetersäure" enthält über 90 % HNO_3. Rauchende Salpetersäure ist durch einen Gehalt an niederen Oxyden des Stickstoffs gelbbraun gefärbt.

Konzentrierte Salpetersäure ist ein sehr aggressiver Stoff: viele Farbstoffe werden durch sie entfärbt, Papier wird unter Gelbfärbung gelöst, Holz und Kork werden sofort intensiv gelb gefärbt und bald zerstört, ebenso die Haut. Auf Kleidern erzeugt Salpetersäure gewöhnlich dunkelgelbe Flecke, die nicht mehr zu entfernen sind; oder sie verursacht Löcher. Beim Arbeiten mit Salpetersäure ist also große Vorsicht nötig.

Salpetersäure siedet bei etwa 86° unter schwacher Zersetzung. Sie wird durch Erhitzen von Nitraten (z. B. Natriumnitrat $NaNO_3$) mit konzentrierter Schwefelsäure dargestellt, wobei sie überdestilliert.

Salpetersäure löst viele Metalle (so Kupfer, Wismut, Zink, Eisen, Quecksilber) zu den entsprechenden Salzen („Nitraten") auf. Dabei entweicht kein Wasserstoff; der durch das Metall ersetzte Wasserstoff wirkt vielmehr auf überschüssige Salpetersäure ein, indem er sie zu niedrigeren Oxydationsstufen des Stickstoffes reduziert. Bei Verwendung einer starken Säure und Erwärmung bildet sich wesentlich Stickstoffdioxyd NO_2, während mit verdünnter Salpetersäure und bei niederer Temperatur unter weitergehender Reduktion hauptsächlich Stickoxyd NO entsteht (Darstellung aus Kupfer und Salpetersäure von der Dichte 1·2); unter besonderen Umständen — z. B. in alkalischer Lösung — kann die Reduktion sogar bis zum Ammoniak NH_3 gehen.

In einem Probierglase übergieße man etwas Kaliumnitrat („Salpeter") eben mit konzentrierter Schwefelsäure und erwärme. Es tritt Aufkochen ein, und Salpetersäure destilliert in den oberen Teil des Probierrohrs, kondensiert sich an den Wänden und fließt an ihnen herab.

Etwa 1 cm^3 Wasser werde mit einigen Tropfen Indigolösung dunkelblau gefärbt; diese Mischung werde mit einem Tropfen verdünnter Salpetersäure versetzt; dazu gebe man etwa $^1/_2$ cm^3 konzentrierter Schwefelsäure, wobei sich die Mischung etwas erwärmt und unter Zerstörung des Indigofarbstoffes gelb färbt.

In einem Probierglase werde etwas Kupferblech mit wenig verdünnter Salpetersäure übergossen, und ein wenig konzentrierte Salpetersäure zugesetzt. Das Kupfer löst sich unter Entwicklung roter Dämpfe.

$$\left\{\begin{array}{l} Cu + 2HNO_3 = Cu(NO_3)_2 + [2H] \\ H + HNO_3 = H_2O + NO_2 \text{ (Stickstoffdioxyd)} \\ 3H + HNO_3 = 2H_2O + NO \text{ (Stickoxyd)} \end{array}\right\}$$

Das an und für sich farblose Stickoxyd NO färbt sich beim Zusammentritt mit Luft unter Sauerstoffaufnahme und Übergang in Stickstoffdioxyd rot.

In einem Probierglase werde etwas Staniol mit konzentrierter Salpetersäure mäßig unter Bewegen des Glases erwärmt. Das Zinn wird dabei zu weißer Zinnsäure H_2SnO_3, die ungelöst bleibt, oxydiert.

In einem Probierglase werden etwa 6 Tropfen verdünnter Salpetersäure mit 2 cm^3 Natriumhydroxydlösung und einer Messerspitze Zinkstaub zum Kochen erhitzt. In die Dämpfe werde ein Streifen feuchtes, rotes Lackmuspapier so gehalten, daß er die Wände nicht berührt; er bläut sich bald; oft ist auch der Ammoniakgeruch deutlich wahrzunehmen. Bei dieser Umsetzung wirkt Zinkstaub und Natriumhydroxydlösung als Wasserstofferzeuger nach folgender Umsetzungsgleichung:

$$Zn + NaOH + H_2O = NaHZnO_2 + 2H$$
$$8H + HNO_3 = 3H_2O + NH_3$$

F a r b r e a k t i o n e n. Zwei Tropfen verdünnter Salpetersäure werden mit einem Drittel Probierglase Wasser verdünnt; die Lösung werde auf drei Probiergläser verteilt. Zum ersten setze man einige Tropfen D i p h e n y l a m i n s a l z l ö s u n g, zum zweiten einige Tropfen A n i l i n s u l f a t l ö s u n g.[1]) Dann gieße man in jedes dieser beiden Gläser etwa $^1/_2$ cm^3 konzentrierter reiner Schwefelsäure so, daß die Schwefelsäureschicht unter der wäßrigen Lösung stehe. Man erhält dann im ersten Glase eine tiefblaue, im zweiten eine stark rote bis rotbraune, bald verblassende Zone an der Grenze der zwei Flüssigkeitsschichten. Die Lösung des dritten Probierglases mische man mit $^1/_3$ cm^3 konzentrierter Schwefelsäure, kühle die warm gewordene Mischung an der Wasserleitung ab und

[1]) Die Anilinsulfatlösung enthalte etwas o- und p-Toluidinsulfat.

werfe in die Mischung ein erbsengroßes Stück krystallisiertes Ferrosulfat („Eisenvitriol"); nach kurzer Zeit wird der Krystall mit einer braunen Zone umgeben erscheinen. Die Erklärung der ersten beiden Umsetzungen gehört in das Gebiet der organischen Chemie, die dritte erklärt sich daraus, daß die Salpetersäure durch das Ferrosulfat zu Stickoxyd reduziert wird, welches mit überschüssigem Ferrosulfat ein tief dunkelbraungefärbtes, wasserlösliches Anlagerungsprodukt gibt.

$$\left\{ \begin{array}{c} 2\,FeSO_4 + H_2SO_4 + O = Fe_2(SO_4)_3 + H_2O \\ 2\,HNO_3 = H_2O + 3\,O + 2\,NO \end{array} \right\}$$

Zum Nachweise von Salpetersäure wird auch die oben angeführte Indigoentfärbungsreaktion benutzt. Alle diese Reaktionen sind aber nicht absolut charakteristisch für Salpetersäure, sondern werden auch von salpetriger Säure gegeben. Eine ganz eindeutige Salpetersäurereaktion kennt man nicht. Die Anilinsulfat- und vor allem die Diphenylaminsalzreaktion sind so empfindlich, daß schon die geringen Spuren von Salpetersäure und salpetriger Säure, die häufig in konzentrierter Schwefelsäure enthalten sind, ihr Eintreten veranlassen können. Man überzeuge sich durch einen „blinden Versuch", d. h. einen in gleicher Weise, aber ohne Zusatz von Salpetersäure angestellten Versuch von der Brauchbarkeit der Schwefelsäure.

Kohlensäure.

Die Kohlensäure H_2CO_3 ist rein nicht bekannt, sondern nur in verdünnter wäßriger Lösung; beim Versuche, sie aus der Lösung abzuscheiden, zerfällt sie in Wasser und Kohlendioxyd („Kohlensäureanhydrid").

$$H_2CO_3 = CO_2 + H_2O$$

Zahlreiche Salze der Kohlensäure („Carbonate") sind bekannt, z. B. Natriumcarbonat („Soda") Na_2CO_3; Kaliumcarbonat („Pottasche") K_2CO_3; Calciumcarbonat („Kreide", „Marmor") $CaCO_3$. Kohlensäure ist eine der schwächsten Säuren; sie bildet neutrale Salze nur mit den stärker basischen Metallen; mit den schwächer basischen Metallen entstehen in Gegenwart von Wasser basische Salze, während die am schwächsten basischen Metalle, so die meisten drei- und höherwertigen Metalle überhaupt keine Carbonate bilden.

Kohlendioxyd ist ein Gas. Es entsteht beim Verbrennen von Kohlenstoff, bei der Zersetzung organischer Stoffe im lebenden Organismus (die ausgeatmete Luft enthält Kohlendioxyd), ferner bei der Zerlegung von Carbonaten mit Säuren.

Die neutralen Carbonate sind mit Ausnahme derer der Alkalimetalle und des Ammoniums in Wasser unlöslich.

Eine Messerspitze Calciumcarbonat werde im Probierglase mit verdünnter Chlorwasserstoffsäure übergossen. Unter starkem Aufschäumen entweicht Kohlendioxyd. Ein in das Gas hineingehaltenes Stück feuchtes Lackmuspapier wird rot. Ein brennendes Streichholz, das mit der Pinzette gehalten eingeführt wird, erlischt.

In dem kleinen Gasentwickungsapparate (Fig. 10, Seite 13) werde ein Stückchen Kreide mit Chlorwasserstoffsäure übergossen, der Kork werde schnell aufgesetzt, und das entweichende Gas in ein Probierrohr geleitet, auf dessen Boden sich etwa 1 cm^3 Natriumhydroxydlösung befindet, so, daß das Glasrohr in diese nicht eintaucht. Nach einer Minute etwa werde das Probierglas von dem Entwicklungsapparate entfernt, schnell mit dem Daumen verschlossen und tüchtig geschüttelt. Beim Wegnehmen des Daumens merkt man einen Widerstand und hört Luft in das Glas treten; das Kohlendioxyd ist beim Schütteln von der Natriumhydroxydlösung absorbiert worden, wobei sich Natriumcarbonat bildete.

Jetzt werde, wenn nötig, das Gasableitungsrohr des Apparates abgespült, die Kohlendioxydentwicklung im Kölbchen durch Zugabe von etwas Chlorwasserstoffsäure wieder in Gang gebracht, und das Ableitungsrohr in ein neues Probierglas getaucht, das zum Drittel mit Kalkwasser gefüllt ist. Es entsteht ein flockiger Niederschlag von Calciumcarbonat.

$$Ca(OH)_2 + CO_2 = CaCO_3 + H_2O$$

Zum Nachweise kleiner Mengen Kohlendioxyd modifiziert man diesen Versuch so, daß man die zu prüfende Substanz (eine stecknadelkopfgroße Masse Natriumcarbonat oder Kreide) in ein Probierglas bringt und einen Tropfen verdünnter Chlorwasserstoffsäure zugibt, worauf Kohlendioxyd unter schwachem Aufbrausen entweicht. Nun wird ein Glasstab, an dessen Ende ein Tropfen Kalkwasser oder Barytwasser hängt, senkrecht vorsichtig in das Probierrohr geführt, so daß er die Wände nicht berührt. Zweckmäßig läßt man ihn, wie Fig. 11 zeigt, an dem Zeigefinger der linken Hand hinabgleiten, wodurch ein Zittern des Glasstabes verhindert wird. Wenn der Stab tief genug eingetaucht ist, kommt der Tropfen in die kohlendioxydhaltige Luftschicht und trübt sich. Dies ist die empfindlichste Probe auf Kohlendioxyd.

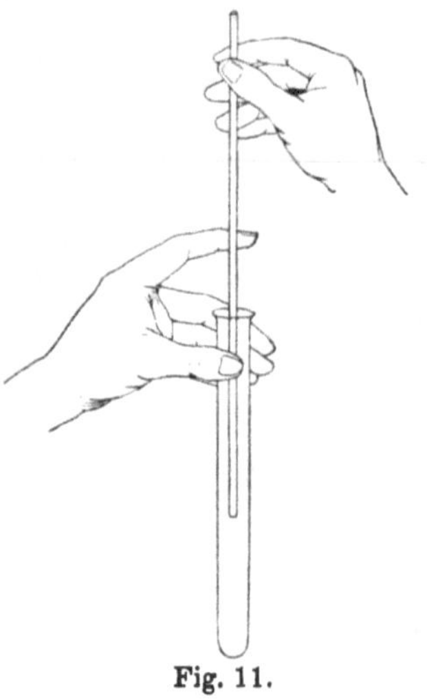

Fig. 11.

Kohlendioxyd ist schwerer als atmosphärische Luft. Man entwickle in einem Probierglase aus Natriumcarbonat und Chlorwasserstoffsäure etwas Kohlendioxyd und gieße dies Gas langsam in ein zweites Probierglas; alsdann weise man in letzterem das Kohlendioxyd mit dem Kalkwassertropfen nach.

Um das in der ausgeatmeten Luft enthaltene Kohlendioxyd nachzuweisen, blase man zwei- bis dreimal die Exspirationsluft langsam mit einem Glasrohre durch ein zu zwei Dritteln mit Kalkwasser gefülltes Probierglas.

Schwefelwasserstoffsäure.

Die Schwefelwasserstoffsäure, H_2S, gewöhnlich kurz Schwefelwasserstoff genannt, ist ebenso wie die Chlorwasserstoffsäure eine sauerstofffreie Säure, die demnach ein Anhydrid nicht bilden kann. Sie ist ein farbloses, unangenehm riechendes, giftiges Gas, das mit blauer Flamme zu Schwefeldioxyd verbrennt.

$$H_2S + 3O = H_2O + SO_2$$

Schwefelwasserstoff ist in Wasser etwas löslich; die konzentrierte Lösung enthält etwa 0·5 % Schwefelwasserstoff. Diese Lösung wird „Schwefelwasserstoffwasser" genannt. Sie führt, ebenso wie das Schwefelwasserstoffgas, eine Reihe von Metallen, so Kupfer, Blei, Quecksilber, Zinn, aus ihren mit anderen Säuren gebildeten Salzen unter Freimachung dieser Säuren in die Salze der Schwefelwasserstoffsäure über.

$$CuSO_4 + H_2S = CuS + H_2SO_4$$

Diese schwefelwasserstoffsauren Salze werden „Sulfide" genannt.

Beim Einleiten von Schwefelwasserstoffgas in Ammoniaklösung bis zur Sättigung bildet sich Ammoniumhydrosulfid, das saure Ammoniumsalz der Schwefelwasserstoffsäure. Die dabei entstehende Lösung ist zunächst farblos, wird an der Luft aber bald gelb, indem sich Polysulfide des Ammoniums bilden. Wird zu der Ammoniumhydrosulfidlösung noch einmal die gleiche Masse Ammoniaklösung gesetzt, als mit Schwefelwasserstoff gesättigt wurde, so entsteht die Lösung des neutralen Salzes.

$$NH_3 + H_2S = NH_4{\cdot}SH$$
$$NH_4{\cdot}SH + NH_3 = (NH_4)_2S$$

Diese Ammoniumsulfidlösungen — namentlich die in den Laboratorien meist benutzte zweite — bilden unter dem Namen „Schwefelammonium" ein wichtiges Reagens. Ammoniumsulfid fällt außer den meisten auch durch Schwefelwasserstoff ausfällbaren Metallen noch manche andere Metalle als Sulfide, z. B. Eisen, Zink, Kobalt, Nickel.

$$FeSO_4 + (NH_4)_2S = FeS + (NH_4)_2SO_4$$

Beim Schmelzen eines beliebigen schwefelhaltigen Stoffes mit Natriumcarbonat und Kohle entsteht — wenn nötig, unter dem reduzierenden Einflusse der Kohle — Natriumsulfid.

$$\left\{\begin{array}{l} CuSO_4 + Na_2CO_3 = CuO + CO_2 + Na_2SO_4 \\ Na_2SO_4 + 4C = Na_2S + 4CO \end{array}\right\}$$

Auf dieser Umsetzung beruht eine wichtige Methode des Nachweises von Schwefel in beliebigen Verbindungen.

Alles Arbeiten mit Schwefelwasserstoff und Ammoniumsulfid ist unter dem Abzuge oder im Stinkraume vorzunehmen.

In den kleinen Gasentwicklungsapparat (Fig. 10, Seite 13) werden etwa fünf erbsengroße Stücke Ferrosulfid (Schwefeleisen) gegeben und mit etwas verdünnter Chlorwasserstoffsäure eben übergossen; zweckmäßig gibt man ein wenig konzentrierte Chlorwasserstoffsäure hinzu und erwärmt, wenn nötig, so lange, bis die Gasentwicklung in Gang kommt. Das entweichende Gas werde zuerst in etwas Wasser ($^1/_3$ Probierglas voll) geleitet; nach einiger Zeit werde ein zweites Probierglas, das zum Fünftel mit Ammoniaklösung gefüllt ist, vorgelegt. Zuletzt werde das Gas, nachdem das Ableitungsrohr abgetrocknet ist, in ein drittes Probierglas geleitet, in dem einige Kubikzentimeter konzentrierter Schwefelsäure enthalten sind. Im ersten Glase bildet sich Schwefelwasserstoffwasser, im zweiten Ammoniumsulfidlösung, im dritten scheidet sich ein feiner, weißlicher Niederschlag von Schwefel ab, dessen Entstehen sich durch die gegenseitige Einwirkung der beiden Stoffe erklärt.

$$H_2SO_4 + 3\,H_2S = 4\,H_2O + 4\,S$$

Schwefelwasserstoffgas kann also nicht mit Schwefelsäure getrocknet werden.

Von dem bereiteten Schwefelwasserstoffwasser werde eine Probe zu etwas Kupfersulfatlösung, eine zweite zu etwas Bleiacetatlösung, eine dritte zu etwas Stannochloridlösung gesetzt. Es fallen die entsprechenden Sulfide aus:

$$CuSO_4 + H_2S = CuS + H_2SO_4$$
$$Pb(C_2H_3O_2)_2 + H_2S = PbS + 2\,H(C_2H_3O_2)$$
$$SnCl_2 + H_2S = SnS + 2\,HCl$$

Dieselben Niederschläge entstehen auch, wenn die Metallsalzlösungen schwach angesäuert sind. Dagegen wird aus einer schwach angesäuerten Probe Kobaltosalzlösung oder Zinksalzlösung durch Schwefelwasserstoff nichts gefällt.

Von dem bereiteten Ammoniumsulfid setze man je ein paar Tropfen zu etwas Kupfersulfatlösung, Kobalto- und Zinksalzlösung. Aus allen drei Lösungen fallen die Sulfide aus.

$$CuSO_4 + (NH_4)_2S = CuS + (NH_4)_2SO_4$$
$$CoCl_2 + (NH_4)_2S = CoS + 2\,NH_4Cl$$
$$ZnSO_4 + (NH_4)_2S = ZnS + (NH_4)_2SO_4$$

Ein Tropfen Ammoniumsulfidlösung werde auf eine Silbermünze (Markstück) gebracht; es entsteht nach kurzer Zeit ein schwarzer Fleck von Silbersulfid Ag_2S; dabei wird Sauerstoff aus der Luft aufgenommen.

$$(NH_4)_2S + 2\,Ag + H_2O + O = Ag_2S + 2\,NH_4OH$$

Man gebe ein Tröpfchen Ammoniumsulfidlösung zu einigen Kubikzentimetern einer frisch bereiteten, äußerst verdünnten Lösung von Natriumnitroprussid; die Lösung nimmt dabei eine prächtige Rotviolettfärbung an, die bald verblaßt.

Diese Umsetzung, der Geruch und die Fähigkeit, „Bleipapier“ d. h. ein mit Bleisalzlösung befeuchtetes Papier, zu schwärzen, dienen zum Nachweise von Schwefelwasserstoff.

Schwefelwasserstoff ist ein Reduktionsmittel. Man versetze einige Tropfen alkoholischer Jodlösung mit Schwefelwasserstoffwasser. Unter Bildung von Jodwasserstoff tritt Entfärbung und eine milchige Trübung durch abgeschiedenen Schwefel ein.

$$H_2S + 2\,J = 2\,HJ + S$$

Ein Körnchen Kupfersulfat werde mit einer Federmesserspitze wasserfreien Natriumcarbonats gemischt; die Mischung werde auf einem Stücke Holzkohle in der Lötrohrflamme geschmolzen. Um ein Fortblasen des Pulvers zu verhindern, kann man die Mischung vor dem Glühen mit einem Tröpfchen Wasser befeuchten. Die Schmelze werde auf eine Silbermünze gelegt, mit Wasser befeuchtet und mit einem Spatel oder Glasstabe zerdrückt. In kurzer Zeit bildet sich ein am Silber fest haftender Fleck von Silbersulfid.

Sulfide.

Sämtliche Metalle lassen sich mit Schwefel zu den den Oxyden in manchen Beziehungen analogen „Sulfiden" verbinden. Diese Sulfide sind für die chemische Analyse von großer Bedeutung, da sich die Metalle nach der Löslichkeit und der mehr oder weniger großen Beständigkeit der Sulfide in Gruppen einteilen lassen, welche die Trennung eines Metallgemisches ermöglichen.

Leicht löslich in Wasser sind die Sulfide der Alkalimetalle und das Ammoniumsulfid. Die Sulfide der Erdalkalimetalle, des Magnesiums, Aluminiums und Chroms zersetzen sich in Wasser vollkommen, sind also in Gegenwart von Wasser nicht darstellbar. Alle übrigen für uns in Betracht kommenden Sulfide sind in Wasser sehr wenig löslich und ihm gegenüber beständig. Am schwersten löslich und am beständigsten sind die Sulfide folgender Metalle:

Quecksilber	Blei	Arsen
Silber	Cadmium	Antimon
Kupfer	Wismut	Zinn.

Diese Sulfide werden auch durch verdünnte Säuren nicht zersetzt, fallen also beim Einleiten von Schwefelwasserstoff in die angesäuerte Metallsalzlösung aus. Die Metalle der ersten zwei Kolonnen können auch mit Ammoniumsulfid gefällt werden; nicht so das Arsen, Antimon und Zinn, deren Sulfide mit Ammoniumsulfid zu wasserlöslichen Thiosäuresalzen zusammentreten.

Weniger schwer löslich und deshalb weniger beständig sind die Sulfide von

Mangan	Kobalt	Eisen,
Zink	Nickel	

da sie durch verdünnte Säuren zerlegt werden. Diese fünf Metalle können also nicht mit Schwefelwasserstoff, wohl aber mit Ammoniumsulfid aus ihren Metallsalzlösungen als Sulfide gefällt werden.

Im Gange der Analyse fällt man die angesäuerte Metallsalzlösung zunächst mit Schwefelwasserstoffgas und trennt die ausgeschiedenen Sulfide nach ihrer Löslichkeit in Ammoniumsulfid in die zwei Gruppen Hg, Ag, Cu, Pb, Cd, Bi und anderseits As, Sb, Sn. Das Filtrat vom Schwefelwasserstoffniederschlage wird mit Ammoniak alkalisch gemacht und mit Ammoniumsulfid versetzt. Jetzt fallen die Sulfide des Mn, Zn, Co, Ni, Fe und dabei auch die Oxydhydrate von Chrom und Aluminium. Im Filtrate von der Ammoniumsulfidgruppe wären dann nur noch die Erdalkali- und Alkalimetalle und das Magnesium enthalten. Die so gewonnenen, kleineren Gruppen lassen sich leichter auf die An- und Abwesenheit der einzelnen Metalle prüfen.

Phosphorsäure.

Beim Verbrennen von Phosphor entsteht Phosphorpentoxyd P_2O_5, das durch geringe Mengen Phosphortrioxyd P_2O_3 verunreinigt ist. Phosphorpentoxyd ist das Anhydrid der drei Phosphorsäuren. Durch Addition einer Molekel Wasser ist die Metaphosphorsäure

$$P_2O_5 + H_2O = 2\,HPO_3;$$

durch Addition zweier Molekeln Wasser die Pyrophosphorsäure

$$P_2O_5 + 2\,H_2O = H_4P_2O_7;$$

durch Addition dreier Molekeln Wasser die Orthophosphorsäure

$$P_2O_5 + 3\,H_2O = 2\,H_3PO_4$$

entstanden zu denken.

Die Konstitutionsformeln dieser drei Säuren, die sämtlich den Phosphor in fünfwertiger Form enthalten, sind:

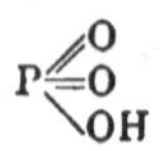

Metaphosphorsäure.

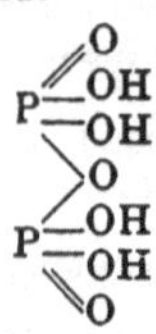

Pyrophosphorsäure.

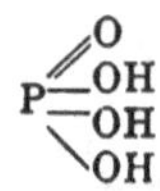

Orthophosphorsäure.

Welche dieser drei Phosphorsäuren sich beim Auflösen von Phosphorpentoxyd in Wasser zunächst bildet, und welche aus der zuerst gebildeten beim Aufbewahren der Lösung weiter entsteht, möge durch eigene Versuche festgestellt werden.

Pyro- und Metaphosphorsäure sind anderseits aus der Orthophosphorsäure durch Wasserabspaltung entstanden zu denken: der Austritt einer Molekel Wasser aus zwei Molekeln Orthophosphorsäure führt zur Pyrophosphorsäure; der Austritt einer Molekel Wasser aus einer Molekel Orthophosphorsäure zur Metaphosphorsäure:

$$2\,H_3PO_4 - H_2O = H_4P_2O_7$$
$$H_3PO_4 - H_2O = HPO_3$$

Das Präfix „ortho" bezeichnet auch sonst stets die Verbindung, die am meisten Wasser addiert hat oder Derivate davon; die Präfixe „pyro" und „meta" dienen in einigen, dem Beispiele der Phosphorsäuren analogen Fällen zur Unterscheidung wasserärmerer Verbindungen, z. B. Orthoarsensäure H_3AsO_4; Pyroarsensäure $H_4As_2O_7$; Metaarsensäure $HAsO_3$; Pyrochromsäure $H_2Cr_2O_7$.

Unter Phosphorsäure schlechthin ist die Orthophosphorsäure verstanden; sie stellt im reinen Zustande einen krystallinischen, farblosen Stoff dar, der schon bei geringer Temperaturerhöhung zu einem dicken Öle schmilzt; sie zieht leicht Wasser an. Bei stärkerem Erhitzen geht sie in Pyrophosphorsäure, beim Schmelzen in Metaphosphorsäure über.

„Phosphorsaures Natrium" ist das Dinatriumphosphat Na_2HPO_4; es geht beim Schmelzen in Natriumpyrophosphat über.

$$2\,Na_2HPO_4 = H_2O + Na_4P_2O_7$$

„Phosphorsalz" ist das saure Natriumammoniumphosphat $Na(NH_4)HPO_4$; es geht beim Schmelzen in Natriummetaphosphat über.

$$Na(NH_4)HPO_4 = NH_3 + H_2O + NaPO_3$$

Ein Porzellantiegeldeckel werde — der Griff nach unten — in eine Abdampfschale gelegt und auf ihn soviel roter Phosphor gebracht, als eine Erbse ausmacht. Durch Berühren mit einer Flamme werde der Phosphor entzündet, worauf man sofort einen trocknen Trichter über die Flamme in die Abdampfschale stelle; an der einen Seite schiebe man zwischen Trichter und Schale ein Streichholzstückchen, damit ein Spalt bleibe, durch den die zur Verbrennung nötige Luft zum Phosphor dringen kann. Der Phosphor verbrennt langsam, und weißes Phosphorpentoxyd setzt sich im Konus und im Rohre des Trichters ab, während auf dem Tiegeldeckel eine rote Masse, die aus niederen Oxyden des Phosphors besteht, zurückbleibt. Das Phosphorpentoxyd werde mit etwas Wasser vom Trichter in die Schale gespült; es löst sich sofort unter Zischen auf, weil es als äußerst hygroskopischer Stoff auf Wasser sehr energisch einwirkt. Die Lösung werde zu weiteren Versuchen beiseite gestellt. Der Versuch ist unter dem Abzuge auszuführen.

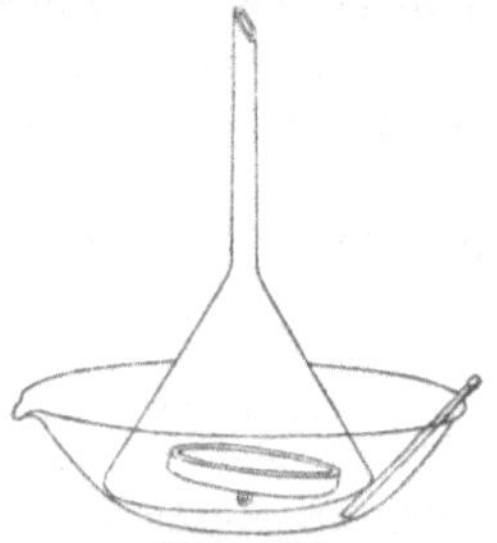

Figur 12.

Orthophosphorsäure. Wenige Tropfen einer Natriumphosphatlösung werden mit etwa 2 bis 3 cm³ Ammoniummolybdatlösung ($[NH_4]_2MoO_4$) versetzt, und einige Tropfen konzentrierter Salpetersäure zugesetzt; sollte ein weißer Niederschlag entstehen (Molybdänsäure H_2MoO_4), so wird Salpetersäure nachgegeben, bis er sich wieder gelöst hat. Die Lösung färbt sich gelb, und nach einiger Zeit oder schwachem Erwärmen entsteht ein feinkörniger, schwerer Niederschlag vom Ammoniumsalze der Molybdänphosphorsäure $(NH_4)_3[PO_4(MoO_3)_{12}]$. Der Niederschlag löst sich leicht in Ammoniaklösung zu einer farblosen Lösung. Wichtige und quantitative Fällung der Phosphorsäure aus saurer Lösung.

Wenige Tropfen einer Natriumphosphatlösung werden mit ebensoviel konzentrierter Chlorwasserstoffsäure versetzt; dazu werde die gleiche Menge Magnesiumsulfatlösung gesetzt. Zur Mischung gebe man alsdann Ammoniaklösung, bis sie auch nach dem Umschütteln noch deutlich danach riecht. Es fällt — aus stark verdünnter Lösung erst nach einiger Zeit — Ammonium-magnesiumphosphat aus. Der Zusatz von Chlorwasserstoffsäure hat den Zweck, die Bildung von etwas Ammoniumchlorid zu ermöglichen, welches ein Ausfallen von Magnesiumhydroxyd aus der alkalischen Lösung verhindert. Wichtige und quantitative Fällung der Phosphorsäure aus alkalischer Lösung.

$$Na_2HPO_4 + MgSO_4 + NH_3 = Mg(NH_4)PO_4 + Na_2SO_4$$

Wenige Tropfen Natriumphosphatlösung werden mit etwas Silbernitratlösung versetzt. Es fällt gelbes Silberphosphat Ag_3PO_4 aus; der Niederschlag ist sowohl in Salpetersäure, wie in Ammoniaklösung löslich.

Wenige Tropfen Natriumphosphatlösung werden mit etwas klarer Eiweißlösung und einigen Tropfen Essigsäure versetzt; es tritt keine Fällung ein.

Pyrophosphorsäure. Etwas Natriumphosphat werde im Öhre eines Platindrahtes in der Bunsenflamme zum klaren Glase geschmolzen. Die Probe werde in 2 cm^3 Wasser unter Kochen gelöst. Ein Teil der Lösung gibt mit Silbernitrat eine weiße Fällung von Silberpyrophosphat $Ag_4P_2O_7$; ein anderer Teil gibt mit Eiweißlösung auch nach Zusatz von etwas Essigsäure keine Fällung.

Metaphosphorsäure. Eine am Platindrahte hergestellte Phosphorsalzperle werde in ein wenig kochendem Wasser gelöst. Die Lösung gibt mit Silbernitrat eine weiße Fällung von Silbermetaphosphat $AgPO_3$ und bringt Eiweißlösung nach Zusatz von etwas Essigsäure zum Gerinnen.

Mit der Silbernitrat- und der Eiweißprobe können die drei Phosphorsäuren unterschieden werden.

Zur Prüfung, welche der drei Phosphorsäuren sich beim Auflösen des Phosphorpentoxyds in Wasser gebildet habe, stelle man mit einem Teile der aufbewahrten Lösung die eben angeführten zwei Versuche an.

Bei längerem Stehen der wäßrigen aus Phosphorpentoxyd erhaltenen Lösung oder beim Aufkochen nach Säurezusatz wird Wasser addiert, und es bildet sich die Orthophosphorsäure. Um dies festzustellen, versetze man einige Tropfen der Phosphorpentoxydauflösung mit ebensoviel konzentrierter Salpetersäure und etwa der doppelten Menge Ammoniummolybdatlösung. Die Lösung bleibt farblos oder färbt sich nur ganz schwach hellgelb; ein Niederschlag bildet sich nicht; also ist in ihr Orthophosphorsäure zunächst nicht vorhanden. Erwärmt man jetzt die Mischung, so färbt sie sich tiefgelb und Ammoniummolybdänphosphat fällt aus; beim Erwärmen hat sich demnach Orthophosphorsäure gebildet.

Auch den Ammoniummagnesiumphosphatniederschlag gibt die Lösung erst nach Aufkochen der chlorwasserstoffsauren Lösung etc.

Phosphorsalzperle. Geschmolzenes Natriummetaphosphat hat die Fähigkeit, Metalloxyde aufzulösen, wobei gefärbte Glasflüsse entstehen; diese enthalten die entsprechenden Orthophosphate.

$$NaPO_3 + CuO = NaCuPO_4$$

Man tauche das heiße Öhr des Platindrahtes in etwas Phosphorsalz und schmelze das haftengebliebene Salz in dem heißesten Teile der Bunsenbrennerflamme, bis ein klares Glas entstanden ist, aus dem sich keine Blasen mehr entwickeln; man bringe an diese Perle ein wenig von dem Oxyde oder einem Salze eines der Metalle: Kupfer, Kobalt, Nickel, Eisen und erhalte die Perle nochmals einige Zeit im Schmelzen. Man beachte die Farbe der Perle in der Hitze und während des Abkühlens und wiederhole den Versuch mit neuen Perlen und den Salzen der anderen Metalle.

Basen.

Unter Basen versteht man in der unorganischen Chemie die Hydroxylverbindungen der Metalle und des Ammoniums. Die wasserlöslichen Basen bläuen rotes Lackmuspapier und röten eine farblose Phenolphthaleïnlösung.

Nach der Zahl der vorhandenen Hydroxylgruppen nennt man die Basen einsäurig (Natriumhydroxyd NaOH), zweisäurig (Calciumhydroxyd $Ca(OH)_2$), dreisäurig (Ferrihydroxyd $Fe(OH)_3$) etc.

Dadurch, daß die Hydroxylgruppen der Basen durch „Säurereste" (Säure ohne Säurewasserstoffatom) ersetzt werden, entstehen die Salze (zweite Definition von Salzen), z. B. NaOH gibt NaCl; $Cu(OH)_2$ gibt $Cu(NO_3)_2$. Neutrale Salze entstehen, wenn alle Hydroxylgruppen durch Säurereste ersetzt sind; basische Salze, wenn nur ein Teil der vorhandenen Hydroxylgruppen durch Säurereste ersetzt ist, z. B.:

$Ca{<}^{Cl}_{OH}$	$OH \cdot Pb \cdot CO_3 \cdot Pb \cdot OH$
Basisches Calciumchlorid	Basisches Bleicarbonat

Durch Wasserabspaltung entstehen aus den Hydroxyden die Oxyde, die demnach den Säureanhydriden zu vergleichen sind: $Ca(OH)_2$ gibt CaO; zu NaOH gehört das Oxyd Na_2O etc.

Im folgenden sind die Basen mit den Metallen, von denen sie sich ableiten, je nach dem chemischen Verhalten zu Gruppen zusammengefaßt und behandelt worden.

1. Alkalimetalle.

Die Alkalimetalle, Natrium, Lithium, Kalium, Rubidium, Cäsium, sind silberweiße, weiche Stoffe von metallischem Aussehen und außerordentlich großer Neigung, sich zu oxydieren; infolgedessen überziehen sie sich an der Luft sofort mit einer Kruste von Oxyd und gehen in einiger Zeit vollkommen in Oxyde über. Man hebt sie deshalb in sauerstofffreien Flüssigkeiten auf; dem häufig gebrauchten Petroleum ist aus Reinlichkeitsgründen das saubere und bequeme Ligroïn vorzuziehen. Die Alkalimetalle zerlegen Wasser unter Wasserstoffentwicklung und Bildung der Hydroxyde. Das Lithium ist der leichteste aller festen Stoffe (Dichte 0·55); ihm reihen sich Natrium, Kalium, Rubidium, Cäsium an; die beiden letzten sind schwerer als Wasser. Die Alkalimetalle sind einwertig.

Diesen Metallen schließt sich das hypothetische, einwertige Ammonium NH_4 an. Der Atomenkomplex NH_4 läßt sich nicht darstellen; wohl aber sind zahlreiche Verbindungen bekannt, die sich von ihm wie von einem einwertigen Metalle ableiten. Da diese Verbindungen den entsprechenden Verbindungen der Alkalimetalle sehr ähnlich sind, seien sie mit ihnen zusammen besprochen.

Die Hydroxyde der Alkalimetalle sind die stärksten Basen, die wir kennen; sie vereinigen sich unter Wasserabspaltung mit gasförmigem Kohlendioxyd zu den Carbonaten. Die Oxyde sind ebenso wie die Chloride, Nitrate, Sulfate, leicht in Wasser löslich; auch die Carbonate und Phosphate, mit Ausnahme der des Lithiums, sind wasserlöslich.

Natrium.

Ein Stück Natrium, so groß wie eine Erbse, werde abgeschnitten, mit etwas Filtrierpapier abgetrocknet, falls das Metall unter Petroleum aufbewahrt war, und in ein kleines Bechergläschen auf etwa 10 cm^3 Wasser geworfen. Mit großer Heftigkeit wirkt das Natrium darauf ein; es schmilzt zu einer Kugel, die auf der Wasseroberfläche schwimmt oder vielmehr schwebt, bald kleiner wird und schließlich ganz verschwindet; der gebildete Wasserstoff entweicht währenddessen, und das Natriumhydroxyd löst sich im Wasser. Man wiederhole den Versuch in der Weise, daß man das Natriumstückchen auf ein auf Wasser schwimmendes Stück Filtrierpapier wirft, wodurch es an seiner Fortbewegung gehindert wird; dabei erwärmt es sich stärker als beim ersten Versuche, so daß der gebildete Wasserstoff sich entzündet und mit einer durch Natriumdämpfe gelb gefärbten Flamme verbrennt. Aus diesem Grunde hüte man sich, auch die kleinsten Natriumreste in die Ausgüsse der Wasserleitung zu werfen, da sie sich in den Röhren festsetzen und zu Entzündungen Anlaß geben können, wodurch heftige Explosionen des gebildeten Knallgases vorkommen können und schon vorgekommen sind.

Größere Natriumreste zerstört man durch Aufgießen von Alkohol, mit dem sie sich gefahrlos umsetzen, kleinere gibt man auf dem Hofe nach und nach in eine offene mit Wasser gefüllte Schale.

Bei allen Versuchen mit Natriummetall komme man mit Gesicht und Händen nicht zu nahe und schütze die Augen zweckmäßig durch ein Glas, da das letzte Partikelchen Natrium leicht verspritzt und böse Verletzungen verursachen kann.

Die bei den obigen Versuchen entstandene Flüssigkeit ist eine verdünnte Natriumhydroxydlösung („Natronlauge"); sie färbt rotes Lackmuspapier blau; eine Probe versetze man mit einigen Tropfen einer alkoholischen Phenolphthaleïnlösung; die Lösung färbt sich intensiv rot und entfärbt sich auf Zusatz von etwas Chlorwasserstoffsäure wieder: die Base wird durch die Säure neutralisiert.

$$NaOH + HCl = H_2O + NaCl$$

Man gieße aus einem Probierglase 1 cm^3 verdünnter Schwefelsäure in ein zweites Probierglas zu 1 cm^3 verdünnter Natriumhydroxydlösung. Die Mischung erwärmt sich stark: Umsetzungswärme. Alle chemischen Umsetzungen sind mit mehr oder weniger großen Veränderungen der Wärmetönung verbunden, die unter Umständen bis zur Glühhitze gehen können. Die Umsetzungswärme kann auch negativ sein, d. h. bei der Umsetzung kann Wärme verbraucht werden, nach außen hin also Abkühlung auftreten. Man hüte sich, konzentrierte Säuren zu konzentrierter Natriumhydroxydlösung zu bringen: auch beim Mischen kleiner Massen treten explosionsartige Erscheinungen ein.

Beim Eindampfen der Natriumhydroxydlösung würde das Natriumhydroxyd als amorphe, weiße, feste Masse zurückbleiben. Natriumhydroxyd ist sehr hygroskopisch; auch zieht es Kohlendioxyd aus der Luft an.

$$2\,NaOH + CO_2 = H_2O + Na_2CO_3$$

Um dies festzustellen, lasse man ein kleines Stück festes Natriumhydroxyd über Nacht in einer Abdampfschale offen stehen; man übergieße die zerflossene Masse in einem Probierglase mit verdünnter Chlorwasserstoffsäure: es entweicht Kohlendioxyd, das mit dem Kalkwassertropfen nachgewiesen werden kann. Natriumhydroxyd ist eine starke Base: schwache Basen verbinden sich nicht mit gasförmigem Kohlendioxyd.

Die auf den Plätzen des Laboratoriums stehende „verdünnte Natriumhydroxydlösung" ist etwa 10 $^0/_0$ ig; die „2 norm. Natriumhydroxydlösung" ist 7.4 $^0/_0$ ig; die „konzentrierte Natriumhydroxydlösung" ist etwa 33 $^0/_0$ ig.

Natriumhydroxydlösung vermag fein verteilte Kieselsäure zu lösen und greift Glas mit der Zeit etwas an. Deshalb enthält die gewöhnliche Natriumhydroxydlösung stets etwas Kieselsäure und meist auch etwas Aluminium und Eisen.

Auch organische Stoffe, namentlich tierische Fasern, wie Wolle und Haut, werden von Natriumhydroxydlösung angegriffen. Die Finger fühlen sich nach dem Benetzen mit Natriumhydroxydlösung schlüpfrig an.

Man setze etwas Natriumhydroxydlösung zu Proben von Calciumchlorid-, Ferrichlorid-, Kupfersulfat-, Kobaltosulfatlösung. Es fallen die Hydroxyde dieser Metalle aus.

$$CaCl_2 + 2\,NaOH = Ca(OH)_2 + 2\,NaCl$$
$$FeCl_3 + 3\,NaOH = Fe(OH)_3 + 3\,NaCl$$
$$CuSO_4 + 2\,NaOH = Cu(OH)_2 + Na_2SO_4$$
$$CoSO_4 + 2\,NaOH = Co(OH)_2 + Na_2SO_4$$

Solche Fällungen sind für den analytischen Nachweis der Metalle oft von Bedeutung; zugleich ist die Fällung mit Natriumhydroxydlösung die beste Methode zur Darstellung der meisten Metallhydroxyde.

Eine Spur Natriumhydroxydlösung, am Platindrahte in die Flamme gebracht, färbt diese intensiv gelb; es ist das eine Eigenschaft aller Natriumverbindungen.

Fast alle Natriumsalze sind in Wasser löslich; sehr schwer löslich ist das saure Natriumpyroantimonat $Na_2H_2Sb_2O_7$. Da das saure Kaliumpyroantimonat in Wasser leichter löslich ist, kann man seine Lösung als Reagens auf Natriumverbindungen benutzen; die Umsetzung gelingt aber nur dann, wenn die auf Natrium zu prüfende Lösung neutral oder alkalisch und frei von anderen Metallen als den Alkalimetallen ist.

Die Natriumverbindungen gehören zu den wichtigsten Stoffen; sie finden in der Technik und im Laboratorium ausgedehnte Verwendung.

Natriumchlorid („Kochsalz") NaCl. Würfelförmige Krystalle, die frei von Krystallwasser sind; letzteres erkennt man daran, daß eine Probe Natriumchlorid beim Erhitzen im einseitig geschlossenen Röhrchen keine Wasserdämpfe abgibt, die sich namentlich durch einen an den kälteren Stellen des Rohrs sich absetzenden Hauch von Wassertröpfchen bemerkbar machen würden. Dagegen beobachtet man bei diesem Versuche eine andere Erscheinung, die noch besser zutage tritt, wenn man einige Körnchen Natriumchlorid auf dem Platinbleche erhitzt; die Krystalle zerspringen nämlich mit leisem Krach, wobei die Bruchstücke oft weit fortgeschleudert werden (die Krystalle „dekrepitieren").

Natriumcarbonat (Kohlensaures Natrium, „Soda") Na_2CO_3. Farblose Krystalle, die zehn Molekeln Krystallwasser enthalten; oder wasserfrei ein weißes Pulver. Das Krystallwasser eines Kryställchens weise man durch Erwärmen im einseitig geschlossenen Röhrchen nach. Die wäßrige Lösung bläut rotes Lackmuspapier und rötet Phenolphtaleïnlösung, wie dies alle Salze starker Basen mit schwachen Säuren tun. Um Natriumcarbonatlösung auf einen etwaigen Gehalt an Natriumhydroxyd zu prüfen, kann man also Phenolphthaleïn nicht ohne weiteres verwenden; man setzt vielmehr die Lösung mit Bariumchloridlösung um, wobei sich die entsprechenden Bariumverbindungen bilden: Natriumcarbonat bildet Bariumcarbonat, das unlöslich ist und Phenolphthaleïnlösung ebensowenig rötet, wie das daneben entstehende Natriumchlorid; Natriumhydroxyd dagegen bildet Bariumhydroxyd, das gelöst bleibt und Phenolphthaleïnlösung rötet.

$$Na_2CO_3 + BaCl_2 = BaCO_3 + 2\,NaCl$$
$$2\,NaOH + BaCl_2 = Ba(OH)_2 + 2\,NaCl$$

Zur Ausführung dieser Prüfung bringe man in zwei Probiergläser je 1 cm^3 Natriumcarbonatlösung und setze zu dem einen einen Tropfen Natriumhydroxydlösung. Dann gebe man in beide Gläser einen Überschuß — je 2 bis 3 cm^3 — Bariumchloridlösung und schließlich je einen Tropfen Phenolphthaleïnlösung. Das Glas mit der reinen Natriumcarbonatlösung bleibt farblos, das andere rötet sich.

Natriumcarbonatlösung fällt aus den Lösungen vieler Metallsalze deren Carbonate aus. Man stelle den Versuch mit etwas Calciumchlorid-, Magnesiumsulfat-, Kupfersulfatlösung an und formuliere die Umsetzungsgleichungen.

Natriumhydrocarbonat (saures kohlensaures Natrium, weniger gut: „doppeltkohlensaures Natron") $NaHCO_3$. Dies Salz ist in Wasser erheblich schwerer löslich als das neutrale Salz.

Natriumnitrat (Natriumsalpeter, „Chilisalpeter") $NaNO_3$. Natriumnitrat ist das wichtige Ausgangsmaterial zur Darstellung der Salpetersäure; ferner wird es in großen Massen als Düngemittel benutzt. Man weise in einer Probe das Natrium durch die Flammenfärbung, die Salpetersäure durch die Indigo- und Eisenvitriolprobe nach.

Natriumsuperoxyd Na_2O_2. Natriumsuperoxyd ist ein gelblichweißes Pulver, das in der Technik als Oxydationsmittel Eingang gefunden hat; es wird namentlich zum Bleichen benutzt.

Natriumsuperoxyd gibt leicht Sauerstoff ab und kann deshalb mit organischen Stoffen gemischt — namentlich beim Erwärmen eines solchen Gemisches oder beim Zugeben von konzentrierter Schwefelsäure — außerordentlich heftige Explosionen veranlassen. Man verwende es also mit größter Vorsicht.

Eine Federmesserspitze Natriumsuperoxyd werde in einem trocknen, staubfreien Probierglase mit zwei Tropfen konzentrierter Schwefelsäure übergossen. Es tritt heftiges Aufschäumen ein; ein glimmendes Streichholz, das mit einer Pinzette in das entwickelte Gas eingeführt wird, flammt auf: es ist also Sauerstoff frei geworden.

$$Na_2O_2 + H_2SO_4 = Na_2SO_4 + H_2O + O$$

Eine Probe Natriumsuperoxyd werde nach und nach in etwas kaltes Wasser eingeschüttet und dadurch gelöst. Trägt man das Natriumsuperoxyd schnell in Wasser ein, so erwärmt sich die Mischung stark, und es entweicht reichlich Sauerstoff. Von der gewöhnlich etwas trüben Lösung werde die Hälfte zu etwas Bleiacetatlösung, die andere Hälfte zu etwas Mangansulfatlösung gegeben. Es bilden sich dichte, schwarzbraune Niederschläge von wasserhaltigem Bleidioxyd und Mangandioxyd.

$$Pb(C_2H_3O_2)_2 + Na_2O_2 = 2Na(C_2H_3O_2) + PbO_2$$
$$MnSO_4 + Na_2O_2 = Na_2SO_4 + MnO_2$$

Natriumsuperoxyd ist ein bequemes Oxydationsmittel für Oxydationen in alkalischer Lösung.

Namen unorganischer Stoffe.

In der unorganischen Chemie liegt für den Lernenden eine besondere Schwierigkeit darin, daß oft ein und derselbe Stoff verschiedene Namen trägt. Diese zu verschiedenen Zeiten entstandenen Namen entsprechen den theoretischen Anschauungen dieser Zeiten. Der zu Anfang des vorigen Jahrhunderts geltenden und namentlich von Berzelius vertretenen Anschauung zufolge unterschied man die basisch wirkenden Oxyde der Metalle („Eisenoxyd" Fe_2O_3; „Kupferoxyd" CuO; „Kali" K_2O; „Natron" oder „Natrum" Na_2O) und die bei einer Reihe von Metallen neben den Oxyden vorkommenden, sauerstoffärmeren und ebenfalls basisch wirkenden Oxydule („Eisenoxydul" FeO; „Kupferoxydul" Cu_2O; „Quecksilberoxydul" Hg_2O) von den sauer wirkenden Oxyden der Nichtmetalle („Kohlensäure" CO_2; „Schwefelsäure" SO_3; „Salpetersäure" N_2O_5). Man nannte diejenigen Stoffe „Säuren", die wir jetzt „Säureanhydride" nennen. Die Salze faßte man als Zusammenlagerungsprodukte von „Säure" und Metalloxyd auf und nannte sie dementsprechend:

„Schwefelsaures Kupferoxyd" $SO_3 + CuO = CuSO_4$
„Kohlensaures Natron" $CO_2 + Na_2O = Na_2CO_3$
„Schwefelsaures Eisenoxydul" $SO_3 + FeO = FeSO_4$.

Für die Halogenwasserstoffsäuren, die keine Anhydride bilden, paßte diese Anschauung nicht; ihre Salze wurden als besondere Klasse von Salzen, nämlich als „Halogensalze" abgegrenzt.

Natriumhydroxyd NaOH nannte man „Natronhydrat", um auszudrücken, daß es durch Wasseranlagerung an Natron Na_2O entstanden sei. Daraus wurde in späterer Zeit der eines Sinnes entbehrende Name „Natriumhydrat", der leider neben Natronhydrat auch jetzt noch zuweilen vorkommt.

Als man gegen Ende der dreißiger Jahre des verflossenen Jahrhunderts mit Liebig die Salze als Substitutionsprodukte der Säuren aufzufassen begann, wurden in der Folgezeit auch die Namen der Salze entsprechend geändert. Man ließ die Bezeichnung „oxyd" und „oxydul" fort. Für die ersten beiden der oben genannten Salze kamen also die Namen

„Schwefelsaures Kupfer" „Kohlensaures Natrium"

auf; doch behielt man die alten Namen meist bei den Metallen bei, die mehrere Reihen von Salzen bilden, in welchen das Metall verschiedene Wertigkeit besitzt, z. B.

„Schwefelsaures Eisenoxyd" $Fe_2(SO_4)_3$ und „Schwefelsaures Eisenoxydul" $FeSO_4$.

Für die Halogensalze wurden entsprechende Namen, z. B. „salzsaures Blei" $PbCl_2$ benutzt, die aber nie recht durchdrangen; vielmehr blieben die Namen: „Chlorkupfer" und „Kupferchlorid" für $CuCl_2$; „Kupferjodür" für CuJ. In der Wertigkeit des Metalls entsprach das Chlorid etc. dem Oxyd, das Chlorür etc. dem Oxydul.

Neben diesen Namen hat sich später eine internationale Namengebung herangebildet, die zurzeit am empfehlenswertesten ist. Nach ihr wird bei den sauerstoffhaltigen Säuren der meist lateinisch gewählte Name der Säure mit der Endung „at“ an das Metall gehängt; bei den sauerstofffreien Säuren läßt man den Säurenamen auf „id“ endigen. Also:

Natriumsulfat Na_2SO_4
Kaliumpyrosulfat $K_2S_2O_7$
Bariumchlorid $BaCl_2$
Ammoniumjodid $(NH_4)J$
Ammoniumcarbonat $(NH_4)_2CO_3$
Ammoniummagnesiumphosphat $(NH_4)MgPO_4$
Calciumnitrat $Ca(NO_3)_2$
Calciumsulfid CaS
Kaliumjodat KJO_3

Leiten sich von einem Nichtmetalle mehrere sauerstoffhaltige Säuren ab, so wird eine von ihnen, meist die sauerstoffreichste und praktisch wichtigste, durch die Endung „at“ gekennzeichnet; für sauerstoffärmere wird die Endung „it“ benutzt, die außerordentlich unglücklich gewählt ist, da sie Verwechselungen mit der Endigung „id“ zuläßt.

Natriumsulfat Na_2SO_4
Natriumsulfit Na_2SO_3
aber: Natriumsulfid Na_2S
Magnesiumnitrat $Mg(NO_3)_2$
Magnesiumnitrit $Mg(NO_2)_2$
Magnesiumnitrid Mg_3N_2

Bei sauren Salzen wird „hydro“ eingeschoben, vgl. auch Seite 10.

Dinatriumhydrophosphat Na_2HPO_4
Natriumdihydrophosphat NaH_2PO_4
Dinatriumdihydropyroantimonat $Na_2H_2Sb_2O_7$

Daneben sind aber namentlich bei Laien für die sauren Salze noch andere Namen in Gebrauch, so: „Saures kohlensaures Natrium“, „Natriumbicarbonat“ und „doppeltkohlensaures Natron“ für $NaHCO_3$; „Kaliumbisulfat“ für $KHSO_4$.

Bei Metallen, die in verschiedenen Wertigkeitsstufen erscheinen können, bildet man für die niedrigere Wertigkeitsstufe eine auf „o“ ausgehende lateinische Form des Metallnamens, für die höhere Wertigkeitsstufe eine auf „i“ ausgehende. Also:

Cuprocyanid CuCN
Ferrosulfat $FeSO_4$
Mercurinitrat $Hg(NO_3)_2$
Kobaltichlorid $CoCl_3$
Nickelochlorid $NiCl_2$
Manganohydroxyd $Mn(OH)_2$

Für die Halogensalze und Oxyde sind auch Namen im Gebrauche, bei denen vor den Namen des Halogens oder vor „oxyd“ die griechische Zahl der in der Molekel enthaltenen Halogen- oder Sauerstoffatome gesetzt ist.

Eisentrichlorid $FeCl_3$
Schwefeldioxyd SO_2
Molybdäntrioxyd MoO_3

Diese internationale Namengebung wird bei langen Säurenamen aus sprachlichen Gründen nicht streng durchgeführt. Statt „Kaliumhexanitritokobaltiat“ sagt man „Kaliumsalz der Hexanitritokobaltisäure“ oder „Hexanitritokobaltisaures Kalium“.

Besondere Aufmerksamkeit ist bei den Halogenwasserstoffsäuren und den entsprechenden sauerstoffhaltigen Säuren (Chlorwasserstoffsäure HCl; Chlorsäure $HClO_3$) nötig, zumal die in den Apotheken üblichen lateinischen Bezeichnungen weitere Verwechselungen begünstigen. Die Verbindung KCl wird bezeichnet als „Kaliumchlorid“, „Chlorkalium“, „Kalium chloratum“; die Verbindung $KClO_3$ aber als „Kaliumchlorat“, „Chlorsaures Kalium“, „Kalium chloricum“; die Verbindung $KClO_2$ schließlich wird „Kaliumchlorit“, „Chlorigsaures Kalium“, genannt.

Kalium.

Kalium und seine Verbindungen sind dem Natrium und seinen Verbindungen sehr ähnlich; die Oxydierbarkeit des Metalls ist noch etwas größer als bei Natrium, so daß ein auf Wasser geworfenes Stück Kalium sofort eine Entzündung des frei werdenden Wasserstoffs bewirkt.

Schwerlöslich sind die Kaliumsalze der Platinchlorwasserstoffsäure $H_2[PtCl_6]$, der Überchlorsäure $HClO_4$, der Hexanitritokobaltisäure $H_3[Co(NO_2)_6]$ (vgl. das Kapitel „Kobalt") und — wenn auch beträchtlich leichter löslich — das saure Salz der zweibasischen Weinsäure $H_2[C_4H_4O_6]$. Das Auftreten der entsprechenden Salzniederschläge wird zum Nachweise von Kalium verwertet. Charakteristisch ist ferner die fahlviolette Färbung, die Kaliumverbindungen der Flamme erteilen.

Für das Kaliumhydroxyd ist der Name „Kali" viel in Gebrauch, z. B. in „Kalilauge".

Die Spitze des Platindrahtes werde in konzentrierte Chlorwasserstoffsäure getaucht, ausgeglüht, und diese Behandlung so lange wiederholt, bis sie die Flamme nicht mehr färbt; zuerst tritt selbst bei einem anscheinend reinen Platindrahte stets eine Gelbfärbung auf, die sich aus dem Vorhandensein von Natriumspuren erklärt. Der so gereinigte Draht wird mit etwas Chlorwasserstoffsäure befeuchtet, und eine Spur eines Kaliumsalzes daran gebracht; in die Flamme zurückgebracht, färbt er sie jetzt weißlich-violett.

Man wiederhole den Versuch in der Weise, daß man etwas Kalium- und Natriumsalz an den Draht bringt. Jetzt erscheint die Flamme gelb, weil das intensive Gelb des Natriums das lichtschwache Violett des Kaliums verdeckt. Um die verdeckte Kaliumflamme zu erkennen, betrachte man die Flamme durch ein tiefblaues Glas: nun sieht man die Kaliumflamme deutlich, weil die gelben Strahlen durch das Glas absorbiert werden, die violetten aber nicht. Eine reine Natriumflamme erscheint durch das blaue Glas gesehen farblos. Dies ist das einfachste Verfahren, Kalium neben Natrium zu erkennen.

Auf ein Uhrglas bringe man einen Tropfen einer verdünnten Kaliumchloridlösung, auf ein zweites ebensoviel einer verdünnten Natriumchloridlösung und setze je zwei bis drei Tropfen „Platinchloridlösung"[1]) hinzu. Die Kaliumsalzlösung gibt sofort einen feinkörnigen, tiefgelben Niederschlag vom Kaliumsalze der Platinchlorwasserstoffsäure $K_2[PtCl_6]$, der unter dem Mikroskope sich als aus kleinen Oktaëdern bestehend erweist. Die Natriumsalzmischung werde auf dem Wasserbade oder im Wasserdampftrockenschranke fast bis zur Trockene eingedampft, und der noch schwach feuchte Rückstand unter dem Mikroskope betrachtet: es zeigen sich lange, breite, spießige Nadeln vom Natriumsalze der Platinchlorwasserstoffsäure $Na_2[PtCl_6] + 6\,H_2O$, die ineinander gewachsen sind und ein balkiges Gerüst ergeben. Falls bei diesen Versuchen zuwenig Platinchlorwasserstofflösung verwandt war, sind farblose, große Krystalle von Natriumchlorid oder Kaliumchlorid, die sich als solche leicht erkennen lassen, eingebettet. Es ist dann etwas mehr Platinchlorwasserstofflösung zuzugeben und nochmals einzudampfen.

$$2\,KCl + H_2[PtCl_6] = K_2[PtCl_6] + 2\,HCl$$
$$2\,NaCl + H_2[PtCl_6] = Na_2[PtCl_6] + 2\,HCl$$

---

[1]) Die unter dem Namen „Platinchlorid" in den Laboratorien verwandte Flüssigkeit ist eine wäßrige Lösung von Platinchlorwasserstoffsäure $H_2[PtCl_6]$.

Der Inhalt beider Uhrgläser werde mit je einigen Tropfen Alkohol in zwei trockne Probiergläser gespült und schwach erwärmt. Die Natriumplatinchloridkrystalle lösen sich leicht auf, die Kaliumplatinchloridkrystalle bleiben ungelöst.

Dies ist die exakte Methode, Kalium und Natrium nebeneinander nachzuweisen. Man weise mit ihr in einem Tropfen einer Lösung von Kalium- und Natriumchlorid die Metalle nach. Die Probe ist nicht ganz einfach und muß sorgfältig angestellt werden. Soll nach ihr nur sehr wenig Kalium nachgewiesen werden, so setzt man der Mischung den gleichen Raumteil Alkohol zu und läßt stehen. Der Kaliumplatinchloridniederschlag fällt dann nach einiger Zeit aus. Da Kaliumcyanid und Kaliumjodid diese Umsetzungen mit Platinchlorid nicht geben, ist es bei Verwendung eines unbekannten Kaliumsalzes nötig, zunächst mit Chlorwasserstoffsäure abzurauchen und den Rückstand zur Probe zu verwenden.

Die folgende Methode erlaubt ein besonders leichtes und sicheres Erkennen von Natrium, ist für den Nachweis von Kalium aber weniger empfindlich und ersetzt deshalb in der analytischen Chemie für Kalium die Probe mit Platinchlorwasserstoff nicht.

Man bringe auf ein Uhrglas 2 bis 3 Tropfen einer gesättigten Lösung von Uranylacetat in 10 %iger Essigsäure und einen Tropfen der auf Natrium und Kalium zu prüfenden Lösung. Nach einigen Minuten sieht man, falls Natrium zugegen ist, unter dem Mikroskope, kleine, derbe, stark glänzende Tetraeder, die vielfach als Dreiecke erscheinen; daneben eventuell Wachstumsformen. Kalium gibt feine lange Nadeln. Auch neben viel Kalium kann man so Natrium sicher erkennen. Gegenwart von Ammoniumsalzen stört die Reaktion nicht, wohl aber stören freie Mineralsäuren und namentlich Phosphorsäure; auch darf die auf Alkalimetall zu prüfende Lösung nicht zu verdünnt sein.

Zu einer Probe nicht zu verdünnter Kaliumsalzlösung gebe man einen Überschuß von Weinsäurelösung $H_2[C_4H_4O_6]$; (die beiden außerhalb der Klammer stehenden Wasserstoffatome sind durch Metalle ersetzbar; Weinsäure ist also eine zweibasische Säure). Aus konzentrierten Lösungen scheidet sich sofort, aus verdünnteren erst nach einiger Zeit, namentlich beim Umschütteln oder Umrühren der Mischung Kaliumhydrotartrat aus; Kaliumhydrotartratlösung zeigt leicht Übersättigungserscheinungen, die durch Umschütteln oder Ankratzen der Wände mit einem Glasstabe aufgehoben werden.

$$KCl + H_2[C_4H_4O_6] = KH[C_4H_4O_6] + HCl$$

Am leichtesten gelingt dieser Versuch mit einer Kaliumcarbonatlösung, weil die Kohlensäure bei der Umsetzung entweicht und das Zustandekommen des Niederschlages nicht stört.

$$K_2CO_3 + 2\,H_2[C_4H_4O_6] = 2\,KH[C_4H_4O_6] + H_2O + CO_2$$

Oder man nimmt statt der freien Weinsäure das Natriumhydrotartrat.

$$KCl + NaH[C_4H_4O_6] = KH[C_4H_4O_6] + NaCl$$

Oder man setzt, wenn Natriumhydrotartrat nicht vorhanden ist, Natriumacetatlösung zu der mit Weinsäure versetzten Lösung hinzu; Natriumacetat stumpft die bei der Umsetzung frei werdenden stärkeren Säuren ab.

Auf jeden Fall ist ein Überschuß an Weinsäure nötig, weil sich sonst das leichter lösliche, neutrale Salz bildet, ein Niederschlag dann also nicht auftritt.

Dem Kalium stehen Rubidium und Cäsium nahe, zwei sehr seltene Metalle. Ihre platinchlorwasserstoffsauren Salze sind noch schwerer löslich als das des Kaliums; die Flammenfärbungen sind der des Kaliums ähnlich.

Dem Natrium ähnelt in vielen Beziehungen das Lithium (leicht lösliches platinchlorwasserstoffsaures Salz); in anderer Hinsicht bildet es den Übergang zu der demnächst zu besprechenden Gruppe der Erdalkalimetalle, da sein Carbonat und sein Phosphat schwerer löslich sind als die entsprechenden Salze der Alkalimetalle.

Ammonium.

Das Ammonium NH_4 ist frei noch nicht dargestellt worden, wohl aber existieren zahlreiche von ihm sich ableitende Stoffe. Ammonium verhält sich in ihnen wie ein einwertiges Metall: das Hydroxyd ist $NH_4.OH$; das Chlorid $NH_4.Cl$ etc. Bei Annahme fünfwertigen Stickstoffs wären vier Valenzen durch Wasserstoff besetzt, die fünfte durch Hydroxyl, Chlor, etc. abgesättigt; ein Beweis für diese Annahme fehlt aber.

Das Hydroxyd des Ammoniums ist nur in wäßriger Lösung beständig, und auch so nur neben viel gelöstem Ammoniak. Wird Ammoniak in Wasser geleitet, so verbindet sich ein Teil mit diesem zu Ammoniumhydroxyd: $NH_3 + H_2O = NH_4.OH$; anderseits würde sich Ammoniumhydroxyd in wäßriger Lösung zu Wasser und Ammoniak spalten $NH_4.OH = NH_3 + H_2O$. In einer wäßrigen Ammoniaklösung stehen also Ammoniak und Wasser einerseits und Ammoniumhydroxyd anderseits in einem Gleichgewichte, das durch die vorhandenen Massen und eine Gleichgewichtskonstante bestimmt ist. Letztere ist in unserem Beispiele nicht bekannt; auf jeden Fall ist die in der wäßrigen Lösung enthaltene Ammoniumhydroxydmasse klein der Ammoniakmasse gegenüber.

Die konzentrierte, wäßrige Ammoniaklösung des Laboratoriums enthält etwa 25 % Ammoniak, die verdünnte etwa 10 %, die „2 norm. Ammoniaklösung" 3·47 %. Im Volksmunde werden diese Lösungen „Salmiakgeist", irrtümlich auch „Salmiak" genannt.

Theoretisch hat das Ammoniak mit den Ammoniumverbindungen nichts zu tun. Namentlich der Anfänger halte sich klar, daß die Ammoniumsalze sich nicht vom Ammoniak NH_3 ableiten, sondern vom hypothetischen Ammonium NH_4. Praktisch aber hat das Ammoniak sehr nahe Beziehungen zu den Ammoniumverbindungen, da letztere durch Zusammentritt von Ammoniak mit Wasser oder Säuren dargestellt werden:

$$NH_3 + H_2O = NH_4.OH$$
$$NH_3 + HCl = NH_4.Cl$$
$$2NH_3 + H_2SO_4 = (NH_4)_2SO_4$$

Alle Ammoniumverbindungen flüchtiger Säuren sind flüchtig; dabei spalten sie sich in einer der eben beschriebenen Zusammenlegung entgegengesetzten Weise; Ammoniumchloriddampf besteht also aus einem Gemische von Ammoniak und Chlorwasserstoffgas. Beim Abkühlen des Dampfes vereinigen sich die Spaltungsstücke wieder. Man bezeichnet diesen umkehrbaren Spaltungsvorgang als „Dissoziation"; und zwar als „thermische Dissoziation" zum Unterschiede von anderen Dissoziationsvorgängen, da er durch die Temperatur bedingt ist.

In einem Probierglase werde eine kleine Probe Ammoniaklösung erwärmt; es entweicht Ammoniak NH_3, ein farbloses, stechend riechendes Gas, gemischt mit Wasserdämpfen. Man bringe in die Dämpfe einen mit Chlorwasserstoff befeuchteten Glasstab: es bilden sich dichte, weiße, undurchsichtige Nebel von Ammoniumchlorid, „Salmiaknebel".

Ein Körnchen Ammoniumchlorid (Chlorammonium, „Salmiak") werde mit einigen Tropfen Natriumhydroxydlösung übergossen, und die Mischung erwärmt. Es entweicht Ammoniak.

$$NH_4Cl + NaOH = NH_3 + H_2O + NaCl$$

Bei diesem Versuche nehme man nur wenig Natriumhydroxydlösung; ein Überschuß würde das Weggehen von Ammoniak erschweren, da er die Flüssigkeitmasse unnötig vermehrt. Nach dieser Methode wird Ammoniak in beliebigen seiner Verbindungen nachgewiesen.

Man versetze einen Tropfen Ammoniumchloridlösung mit einigen Tropfen Platinchlorwasserstofflösung; es fällt gelbes Ammoniumplatinchlorid $(NH_4)_2[PtCl_6]$ aus, das dem Kaliumplatinchlorid sehr ähnlich ist.

Mit einem Glasstabe bringe man ein Tröpfchen Ammoniumsalzlösung in ein größeres Becherglas voll Wasser und gieße einige Tropfen „Nesslersches Reagens", d. h. eine alkalische Lösung von Kaliumjodmercurat $K_2[HgJ_4]$ hinzu. Es bildet sich sofort — bei ganz geringem Ammoniakgehalte erst nach einiger Zeit — eine Gelbbraunfärbung, die in kurzer Zeit dichter wird; schließlich entsteht, falls nicht gar zu wenig Ammoniumsalz vorlag, ein flockiger, brauner Niederschlag von Oxydimercuriammoniumjodid $OHg_2{:}NH_2J$. Dies ist die empfindlichste Probe auf Ammoniumverbindungen, die z. B. bei der Untersuchung von Trinkwasser auf einen etwaigen Gehalt an Ammoniumverbindungen verwendet wird.

Ammoniumhydroxyd ist eine mittelstarke Base; durch die stärkeren Basen Kaliumhydroxyd, Natriumhydroxyd und Calciumhydroxyd wird es aus seinen Salzen ausgetrieben; anderseits fällt es die Mehrzahl der Metallhydroxyde aus den entsprechenden Salzen der Metalle aus. Man gebe etwas Ammoniaklösung zu je einem Kubikzentimeter von Ferrichlorid-, Bleiacetat-, Kobaltsulfatlösung, worauf Ferrihydroxyd $Fe(OH)_3$, Bleihydroxyd $Pb(OH)_2$, Kobaltohydroxyd $Co(OH)_2$ ausfallen. Nur die Alkali- und Erdalkalimetallhydroxyde werden in dieser Weise nicht ausgefällt.

Sehr interessant und wichtig ist, daß die Basizität des Ammoniumhydroxyds durch Zusatz von Ammoniumsalzen der starken Säuren zu seiner Lösung abgeschwächt wird. Dies zeigt sich im Verhalten des Ammoniumhydroxyds solchen Metallhydroxyden gegenüber, die nur wenig schwächer sind als jenes.

Man setze zu etwas Magnesiumsulfatlösung etwas Ammoniaklösung; es fällt weißes Magnesiumhydroxyd aus. Man wiederhole den Versuch mit einer reichlich mit Ammoniumchlorid versetzten Magnesiumsulfatlösung: es entsteht jetzt kein Niederschlag.

Da sich im ersten Versuche bei der Fällung Ammoniumsulfat bildet, wird die Fällung nur unvollständig sein: ein Teil des Magnesiums bleibt in Lösung, weil sich nach Ausfällung eines bestimmten Anteiles vom vorhandenen Magnesium soviel Ammoniumsulfat gebildet hat, daß durch dieses die Basizität des übrigen Ammoniumhydroxyds soweit herabgedrückt wird, daß es nunmehr nicht mehr fähig ist, den Rest Magnesium auszufällen.

Dieselbe Erscheinung wie bei der Magnesiumsalzlösung beobachtet man bei den Lösungen von Zink-, Mangano-, Kobalto-, Nickelo- und Ferrosalzen.

Ammoniak NH_3 hat die Fähigkeit, sich an manche Metalle anzulagern und mit ihnen Atomkomplexe zu bilden, die sich wie ein einheitliches neues Metallatom verhalten. Die sich von diesen Atomenkomplexen ableitenden Salze haben andere Eigenschaften als die vom Metalle selbst sich ableitenden Salze. Zum Beispiel wird das durch Zusatz von Ammoniaklösung zu Silbernitrat gebildete Silberammoniaknitrat $[Ag(NH_3)_2]NO_3$ nicht durch Chloride gefällt: das Chlorid $[Ag(NH_3)_2]Cl$ ist in Wasser leicht löslich. Das Cupriammoniaksulfat $[Cu(NH_3)_4]SO_4$ ist tiefblau gefärbt, während alle übrigen vom Kupfer sich ableitenden wasserlöslichen Salze eine hellblaue Lösung geben. Zur Namenbildung dieser Salze wird das Wort „ammin" benutzt, unter dem die Gruppe NH_3 verstanden ist; die Zahl der addierten Ammoniakmolekeln wird durch das vorgesetzte griechische Zahlwort bezeichnet, z. B. $[Cu(NH_3)_4]SO_4$ Tetrammincuprisulfat, $[Co(NH_3)_6]Cl_3$ Hexamminkobaltichlorid.

Diese Metallammoniaksalze gehören in die Klasse der komplexen Verbindungen; sie sind von den Doppelsalzen wohl zu unterscheiden: also $[Cu(NH_3)_4]SO_4$, Cupriammoniaksulfat, Tetrammincuprisulfat, ist ein komplexes Salz; $Cu(NH_4)_2(SO_4)_2$, Cupriammoniumsulfat, ist ein Doppelsalz.

2. Erdalkalimetalle.

Die Erdalkalimetalle Calcium, Strontium, Barium sind silberweiße, feste Metalle, die — wenn auch bedeutend beständiger als die Alkalimetalle — doch noch ein großes Bestreben besitzen, sich zu oxydieren. Mit Wasser setzen sie sich langsam, mit verdünnten Säuren schnell um. Ihre Oxyde sind weiße, erdige Stoffe, die nicht hygroskopisch sind; die Hydroxyde ziehen im feuchten Zustande Kohlendioxyd aus der Luft an und dokumentieren sich dadurch als starke Basen; sie bläuen rotes Lackmuspapier stark. Die Chloride und Nitrate sind leicht in Wasser löslich; die Carbonate, Sulfate, Phosphate sind in Wasser

sehr schwer löslich; wenig löslich sind die Hydroxyde. Die Sulfide sind nur auf trocknem Wege darstellbar; mit Wasser zersetzen sie sich langsam zu Schwefelwasserstoff und den Metallhydroxyden.

$$CaS + 2H_2O = H_2S + Ca(OH)_2$$

Calciumoxyd CaO	Calciumsulfat $CaSO_4$
Calciumhydroxyd $Ca(OH)_2$	Calciumcarbonat $CaCO_3$
Calciumchlorid $CaCl_2$	Calciumphosphat $Ca_3(PO_4)_2$
Calciumnitrat $Ca(NO_3)_2$	Calciumsulfid CaS

Calcium.

Ein Stückchen Kreide (= Calciumcarbonat $CaCO_3$) werde in einem trocknen Probierglase erhitzt, bis das Glas zu erweichen beginnt. Neben etwas Wasserdampf entweicht Kohlendioxyd, das mit einem am Glasstabe hängenden Tropfen Kalkwasser nachgewiesen werde. Dieser Vorgang wird als „Brennen" mit Kalkstein, Marmor, Kreide technisch im großen Maße ausgeführt. Dabei entsteht der „gebrannte Kalk".

$$CaCO_3 = CaO + CO_2$$

Ein etwa haselnußgroßes Stück gebrannter Kalk werde in einem Probierglase mit wenig Wasser befeuchtet. Nach und nach füge man tropfenweise soviel Wasser hinzu, als von dem Stücke aufgesaugt wird. Die Masse erwärmt sich dabei von selbst, erst allmählich, dann schneller, schließlich so stark, daß überschüssiges Wasser verdampft, und der Dampf in Strömen aus dem Glase dringt. Es bleibt, wenn gerade die richtige Masse Wasser genommen ist, ein trocknes, weißes Pulver; wenn zuviel verwandt wurde, bleibt ein steifer Brei von Calciumhydroxyd. Dieser Prozeß wird als „Löschen des Kalks" bezeichnet.

$$CaO + H_2O = Ca(OH)_2$$

Der gelöschte Kalk wird mit Sand und Wasser gemischt als „Mörtel" zu Bauzwecken verwandt. Beim Trocknen zieht er Kohlendioxyd an, und das sich bildende Calciumcarbonat verkittet die Sandkörner und Bausteine.

Eine Probe Calciumhydroxyd werde mit Wasser zu einer dünnen milchigen Flüssigkeit angerührt: „Kalkmilch".

Eine Probe Calciumhydroxyd werde mit viel Wasser geschüttelt; durch Filtration erhält man eine wasserklare Lösung von Calciumhydroxyd: „Kalkwasser". Kalkwasser bläut rotes Lackmuspapier.

Ein haselnußgroßes Stück Kreide oder Marmor werde in möglichst wenig verdünnter Chlorwasserstoffsäure gelöst. Die Lösung werde filtriert, und das Filtrat in einer kleinen Abdampfschale unter andauerndem Rühren über freiem Feuer eingedampft. (Abzug oder Stinkraum!) Es bleibt eine körnige, weiße, fast wasserfreie Masse zurück: „gekörntes Calciumchlorid".

Ein kleiner Teil davon werde auf dem Platinbleche geschmolzen: es entweicht der Rest des Wassers, und wasserfreies Calciumchlorid hinterbleibt.

Gekörntes und geschmolzenes Calciumchlorid sind hygroskopisch und werden im Laboratorium vielfach zum Entwässern von Gasen und Flüssigkeiten benutzt; namentlich das gekörnte, das seiner Porosität wegen eine größere Oberfläche bietet.

Der Rest des gekörnten Calciumchlorids werde in destilliertem Wasser aufgelöst. Es löst sich nicht alles, sondern man erhält eine trübe Lösung, die erst auf Zusatz einiger Tropfen Chlorwasserstoffsäure klar wird. Der Grund hierfür ist der, daß beim Erhitzen ein kleiner Teil des Calciumchlorids unter Aufnahme von Wasser und Abgabe von Chlorwasserstoff in basisches — wasserunlösliches — Salz übergegangen ist.

$$CaCl_2 + H_2O = Ca{}^{Cl}_{OH} + HCl$$

Eine derartige Spaltung eines Salzes unter Aufnahme von Wasser in die freie Säure und basisches Salz oder die Base selbst kommt vielfach vor; sie wird mit dem Namen „Hydrolyse“ oder „hydrolytische Spaltung“ belegt.

Ein mit Calciumsalzlösung befeuchteter Platindraht färbt die Flamme tief rotgelb; durch ein tiefblaues Glas gesehen erscheint die Flamme farblos oder grünlich (Unterschied von Strontium). Nicht alle festen Calciumverbindungen zeigen beim Glühen sofort die „Calciumflamme“, wohl aber meist dann, wenn man sie (z. B. Calciumsulfat) zunächst am Platindrahte ausglüht, nach dem Erkalten mit etwas konzentrierter Chlorwasserstoffsäure befeuchtet und dann nochmals in die Flamme bringt.

Mit je einem Kubikzentimeter Calciumchloridlösung stelle man die folgenden Versuche an.

Ammoniak: gibt keine Fällung. Läßt man die Mischung im offenen Gefäße längere Zeit stehen, so trübt sie sich durch Ausscheidung von Calciumcarbonat, wozu das nötige Kohlendioxyd aus der Luft angezogen wird.

Natriumhydroxyd: flockige, weiße Fällung von Calciumhydroxyd: Natriumhydroxyd ist stärker basisch als Calciumhydroxyd.

$$CaCl_2 + 2\,NaOH = Ca(OH)_2 + 2\,NaCl$$

Wenn die Lösung zu verdünnt ist, entsteht keine Fällung durch Natriumhydroxydlösung, weil dann das in Freiheit gesetzte Calciumhydroxyd gelöst bleibt.

Natriumcarbonat: gibt mit neutraler oder schwach ammoniakalischer Calciumchloridlösung eine flockige Fällung von sehr schwer löslichem Calciumcarbonat, die beim Erwärmen der Mischung allmählich in eine krystallisierte, noch schwerer lösliche Form übergeht und sich dann gut zu Boden setzt. Die Erscheinung, daß ein zuerst sehr feinkörniger Niederschlag nach einiger Zeit oder beim Erwärmen krystallinisch und grobkörnig wird, findet sich in der unorganischen Chemie vielfach.

Bei quantitativen Fällungen macht man davon Gebrauch, indem man einen Niederschlag mit der Lösung, aus der er gefallen ist, einige Zeit bei Zimmertemperatur oder warm stehen läßt; die Trennung ist nunmehr vollkommener, da der Niederschlag noch weniger löslich geworden ist; und ferner ist der Niederschlag bequemer abzufiltrieren, da er grobkörniger geworden ist; vgl. auf Seite 46 die Fällung von Bariumsulfat.

Man setze jetzt zur Mischung etwas krystallisiertes Natriumsulfat und koche auf; man filtriere und wasche Filter und Niederschlag gut mit destilliertem Wasser aus. Der Filterrückstand löst sich dann völlig in Chlorwasserstoffsäure auf, da er unverändert Calciumcarbonat geblieben ist. Bei dem gleichen Versuche verhält sich Barium anders als Calcium, so daß auf diesem Unterschiede eine Methode der Trennung basieren kann.

$$CaCl_2 + Na_2CO_3 = CaCO_3 + 2\,NaCl$$

Setzt man aber zu einer, mit etwa zwei Tropfen Chlorwasserstoffsäure schwach angesäuerten Calciumchloridlösung eine Lösung von Natriumcarbonat, so fällt unter Entwicklung von Kohlendioxyd nur ein Teil des Calciums als Calciumcarbonat aus, ein anderer Teil bleibt als Calciumhydrocarbonat $Ca(HCO_3)_2$ gelöst. Calciumhydrocarbonat ist in Wasser leichter löslich als das neutrale Calciumcarbonat. Man filtriere die Mischung und erhitze das wasserklare Filtrat zum Kochen; es trübt sich, und unter Kohlendioxydentwicklung fällt etwas Calciumcarbonat aus.

$$CaCl_2 + 2\,Na_2CO_3 + 2\,HCl = 4\,NaCl + Ca(HCO_3)_2$$
$$Ca(HCO_3)_2 = CaCO_3 + H_2O + CO_2$$

Im Quell- und Flußwasser ist das Calcium zum großen Teile als Hydrocarbonat gelöst enthalten und fällt beim Stehenlassen oder Aufkochen des Wassers aus (Kesselschlamm).

Schwefelsäure: fällt weißes, feinkrystallinisches Calciumsulfat — aus konzentrierten Lösungen sofort, aus verdünnten erst nach einiger Zeit. Calciumsulfat ist in reinem Wasser etwas löslich: Calciumsulfatlösung, „Gipswasser".

Natriumphosphat: flockig voluminöser Niederschlag von sekundärem Calciumphosphat, der beim Stehen krystallinisch wird.

$$CaCl_2 + Na_2HPO_4 = 2\,NaCl + CaHPO_4$$

Natriumphosphat- und Ammoniaklösung: wirken als Dinatriumammoniumphosphat und fällen neutrales Calciumphosphat. Ein Ammoniaküberschuß schadet nicht.

$$3\,CaCl_2 + 2\,Na_2(NH_4)PO_4 = Ca_3(PO_4)_2 + 4\,NaCl + 2\,NH_4Cl$$

In Gegenwart von Phosphorsäure wird also aus sauren Erdalkalisalzlösungen — Strontium- und Bariumsalzlösungen verhalten sich ebenso — durch Ammoniaklösung das neutrale Erdalkalimetallphosphat gefällt. Dies Verhalten ist für die Analyse von Wert.

Ammoniak und Oxalsäure: geben einen äußerst schwer löslichen weißen Niederschlag von Calciumoxalat (+ 1 Mol H_2O); Calciumoxalat ist schwerer löslich als Calciumsulfat; man erhält aus Gipswasser auf Zusatz von Ammoniaklösung und Oxalsäurelösung einen Niederschlag. Infolgedessen verwendet man in der quantitativen Analyse das Oxalat zur Abscheidung des Calciums. Zur Trennung von Strontium und Barium kann diese Umsetzung aber nicht benutzt werden, weil diese Metalle ebenfalls schwerlösliche Oxalate bilden. Calciumoxalat fällt ebenso wie aus ammoniakalischer, so auch aus essigsaurer Lösung, während Strontiumoxalat in essigsäurehaltigem Wasser etwas, Bariumoxalat erheblich löslich ist.

$$CaCl_2 + (NH_4)_2C_2O_4 = CaC_2O_4 + 2\,NH_4Cl$$

Bei starkem Glühen geht Calciumoxalat in Calciumoxyd über.

$$CaC_2O_4 = CaO + CO_2 + CO$$

Umkehrbare Reaktionen — Gleichgewichtszustand.

Beim Brennen von Kalkstein spaltet sich Calciumcarbonat in Calciumoxyd und Kohlendioxyd:

$$CaCO_3 \dashrightarrow CaO + CO_2;$$

anderseits kann sich Calciumoxyd, ebenso wie Calciumhydroxyd, mit Kohlenstoffdioxyd wieder zu Calciumcarbonat vereinen (Erhärten von Mörtel)

$$CaO + CO_2 \longrightarrow CaCO_3.$$

Beide Gleichungen kann man unter Verwendung eines Doppelpfeiles $\rightleftarrows$ vereinen zu der Gleichung:

$$CaCO_3 \rightleftarrows CaO + CO_2,$$

wodurch ausgedrückt werden soll, daß die Umsetzung je nach den herrschenden Bedingungen entweder von links nach rechts oder von rechts nach links verlaufen kann. In unserem Beispiele erfolgt die Spaltung bei hoher Temperatur und die Wiedervereinigung bei niederer Temperatur. Wird eins der Spaltungsstücke z. B. Kohlenstoffdioxyd, dauernd entfernt, z. B. durch Überleiten eines Luftstromes, so kann die Spaltung auch bei mittlerer Temperatur völlig zu Ende gehen. Wenn aber keins der Spaltungsstücke entfernt wird, so arbeiten sich Spaltung und Wiedervereinigung entgegen, und es stellt sich ein „Gleichgewichtszustand" ein, in dem die drei Stoffe ($CaCO_3$, CaO, CO_2) in bestimmter Konzentration vorhanden sind. Jeder Temperatur entspricht ein bestimmter Gleichgewichtszustand, der unabhängig von der Dauer des Versuches ist: je höher die Temperatur ist, desto mehr verschiebt sich das Gleichgewicht nach rechts; je niedriger sie ist, desto weiter nach links liegt es.

Man nennt solche Umsetzungen, die je nach den Bedingungen in der einen oder in der entgegengesetzten Richtung verlaufen und bei denen sich Gleichgewichtszustände einstellen können, „umkehrbare Reaktionen". Sie sind sehr zahlreich. Für die unorganische Chemie haben die Spaltungen eines Stoffes in wäßriger Lösung in seine Ionen und deren Wiedervereinigung ein ganz besonderes Interesse. Weitere Beispiele sind die thermische Dissoziation des Ammoniumchlorids und die Bildung von Ammoniumhydroxyd Seite 38.

Solche Gleichgewichtszustände werden durch das Massenwirkungsgesetz geregelt, von dem später gehandelt werden wird.

Strontium.

Eine Probe eines Strontiumsalzes werde an einem Platindrahte in der entleuchteten Bunsenbrennerflamme erhitzt: die Flamme färbt sich — namentlich wenn die Probe mit Chlorwasserstoffsäure befeuchtet und nochmals in die Flamme gebracht wird, intensiv rot; durch ein tiefblaues Glas gesehen sieht sie rotviolett aus.

Den Reagenzien: Ammoniak, Natriumhydroxyd, Ammoniumcarbonat, Natriumphosphat, Ammoniumoxalat, Schwefelsäure gegenüber verhält sich die Lösung eines Strontiumsalzes wie die Calciumlösung.

Zu einer Strontiumsalzlösung werde der gleiche bis doppelte Raumteil Calciumsulfatlösung gesetzt: es entsteht — gewöhnlich erst nach einiger Zeit — ein weißer Niederschlag von Strontiumsulfat, das schwerer löslich als Calciumsulfat ist. Auch Strontiumsulfat ist noch etwas in Wasser löslich.

Barium.

Bariumsalze verhalten sich den Reagenzien: Ammoniak, Natriumhydroxyd, Ammoniumcarbonat, Natriumphosphat, Ammoniumoxalat gegenüber wie Calciumsalze. Bariumhydroxyd ist in Wasser viel leichter löslich als Calciumhydroxyd; aus kochendem Wasser läßt sich Bariumhydroxyd bequem krystallisieren. Bariumnitrat und Strontiumnitrat sind in Alkohol unlöslich, während Calciumnitrat in Alkohol löslich ist; man benutzt dies verschiedene Verhalten in der qualitativen Analyse zur Trennung.

Eine Probe Bariumsalz färbt die Flamme grün; die Grünfärbung ist besonders schön, wenn die am Platindrahte geglühte Stoffprobe nach dem Erkalten mit einem Tropfen konzentrierter Chlorwasserstoffsäure befeuchtet und nochmals in die Flamme gebracht wird.

Etwas Bariumchloridlösung gibt sowohl mit Strontiumsulfat- als auch mit Calciumsulfatlösung sofort einen Niederschlag von Bariumsulfat. Das Sulfat des Bariums ist das schwerstlösliche der Erdalkalimetallsulfate.

Fällt man Barium kalt als Sulfat aus, so ist der Niederschlag meist so feinkörnig, daß er durchs Filter durchläuft. Dagegen ist der heiß bereitete Niederschlag, namentlich wenn man ihn mit der Flüssigkeit noch einige Zeit nach der Fällung hat warm stehen lassen, so grobkörnig, daß er auf dem Filter zurückbleibt. Man stelle einen Versuch in der Weise an, daß man etwas Bariumchloridlösung in einem Becherglase mit Wasser verdünnt, mit etwas Chlorwasserstoffsäure ansäuert und die siedend heiße Mischung mit etwas verdünnter Schwefelsäure, die in einem Probierglase zum Kochen erhitzt ist, fällt. Nach kurzem Stehen setzt man noch einige Tropfen Schwefelsäure hinzu, um festzustellen, ob alles Barium ausgefällt ist, oder ob noch davon in der Lösung enthalten ist. Ist alles ausgefällt, so kann man nach weiterem kurzen Stehen in der Wärme, während dessen sich die über dem Niederschlage befindliche Flüssigkeit vollständig klärt, filtrieren. Das abfiltrierte Bariumsulfat werde ausgewaschen und zum übernächsten Versuche benutzt.

Um Barium mit Schwefelsäure oder Schwefelsäure mit Bariumsalzlösung zu fällen, verfahre man in der Analyse stets in dieser Weise.

Eine Probe Bariumchloridlösung werde in einem Kolben mit Natriumcarbonatlösung völlig ausgefällt; zur Mischung gebe man einige Krystalle Natriumsulfat und koche etwa zehn Minuten. Man filtriere und wasche Niederschlag nebst Filter gründlich mit Wasser aus. Der Niederschlag löst sich jetzt nicht mehr in verdünnter Chlorwasserstoffsäure, da er in Bariumsulfat übergegangen ist (vgl. Seite 47). Manchmal ist die Umsetzung unvollständig: der Niederschlag enthält dann neben Bariumsulfat noch Bariumcarbonat, das sich in Chlorwasserstoffsäure unter Aufschäumen löst.

Um Bariumsulfat, das sich in keinem Lösungsmittel auflösen läßt, in einen auflösbaren Stoff überzuführen, muß man es „aufschließen". Zu diesem Zwecke führt man es mittels eines Schmelzprozesses in das Carbonat über. Man mische eine kleine Probe Bariumsulfat mit etwa der doppelten Masse eines Gemisches von gleich viel trocknem Natriumcarbonat und Kaliumcarbonat und schmelze das Gemenge einige Minuten auf einem Platinbleche, dessen Ränder hochgebogen sind, so daß eine kleine Wanne entsteht. Man lasse die Schmelze erkalten und löse sie, soweit sie überhaupt löslich ist, in wenig heißem Wasser auf; es hinterbleibt ein weißes Pulver, das man abfiltriert und sorgfältig mit destilliertem Wasser auswäscht, bis einige der zuletzt durchgeflossenen Tropfen des Waschwassers mit einem Tropfen Bariumchloridlösung keine Trübung mehr geben, also alle Schwefelsäure aus Filter und Niederschlage entfernt ist. Der gut ausgewaschene Niederschlag löst sich jetzt vollkommen in verdünnter Chlorwasserstoffsäure unter Entwicklung von Kohlendioxyd auf. Das Bariumsulfat ist also durch den Schmelzprozeß mit den Alkalicarbonaten in Bariumcarbonat übergeführt worden.

$$BaSO_4 + Na_2CO_3 = BaCO_3 + Na_2SO_4$$

Hieraus ergibt sich, daß nicht eine besondere Verwandtschaftskraft oder Affinität Barium und Schwefelsäure zusammenführt; denn diese müßte bei dem Versuche mit der wäßrigen Lösung und bei dem Schmelzversuche in gleicher Weise wirken. Daß sich in dem einen Falle Bariumsulfat, in dem anderen Bariumcarbonat bildet, liegt einfach daran, daß im ersten Falle das Bariumsulfat, im letzteren aber das Bariumcarbonat schwerer löslich ist. Es besteht in der Chemie eine allgemeine Tendenz zur Bildung je der schwerstlöslichen Stoffe.

Eine Probe Bariumchloridlösung gibt nach Zusatz einiger Tropfen Essigsäure mit gelber Kaliumchromatlösung einen gelben Niederschlag von Bariumchromat; Calcium- und Strontiumsalze werden aus essigsäurehaltiger Lösung durch Kaliumchromatlösung nicht gefällt (Wichtige Trennungsmethode).

$$BaCl_2 + K_2CrO_4 = BaCrO_4 + 2KCl$$

Grad der Löslichkeit.

Im Anschlusse an die Erdalkalimetallsalze empfiehlt sich ein vergleichendes Studium der „Löslichkeiten“ von entsprechenden Verbindungen dieser drei Metalle. Leicht löslich sind die Chloride und Nitrate, am leichtesten vom Calcium, weniger vom Strontium, noch weniger vom Barium. Schwer löslich sind die Sulfate, und zwar nimmt die Löslichkeit, wie wir gesehen haben, ebenfalls vom Calciumsulfate zum Bariumsulfate ab. Sehr schwer löslich sind die Carbonate; sie können ebenso wie beim Barium das Sulfat, zur quantitativen Abscheidung der Metalle aus Lösungen benutzt werden. Daß aber auch sie nicht ganz unlöslich sind, zeigt die Umsetzung von ausgeschiedenem, festen Bariumcarbonat beim Kochen mit Natriumsulfatlösung, wobei das Bariumcarbonat in Bariumsulfat übergeht. Sie erklärt sich daraus, daß ein, wenn auch sehr geringer Teil des Carbonats in Lösung vorhanden ist; dieser setzt sich zum Teile mit Natriumsulfat zu Bariumsulfat um, das sich nun, da es unter den Bedingungen des Versuches schwerer löslich ist als das Carbonat, ausscheidet; dafür gehen neue Mengen Bariumcarbonat in Lösung, setzen sich um, und so fort, bis in einer bestimmten Spanne Zeit alles Bariumcarbonat einmal gelöst gewesen ist und sich dabei in Sulfat umgesetzt hat. Zur Durchführung der Umsetzung genügt also nicht ein kurzes Erhitzen, sondern ist ein längeres Kochen nötig; bei kleinen Mengen genügen einige Minuten. Die gleiche Umsetzung geht beim Calcium- und Strontiumcarbonate (vgl. S. 43) nicht vor sich, weil das Calcium- und Strontiumsulfat erheblich leichter löslich als die Carbonate sind, die sich zuerst bildenden kleinen Mengen Sulfat sich also nicht ausscheiden und die Umsetzung deshalb im ersten Stadium stehen bleibt. Eingehender, als das hier möglich ist, sind die Verhältnisse dieser interessanten Umsetzung in dem in der Einleitung an erster Stelle erwähnten Buche von W. Ostwald dargelegt.

Aus diesem Beispiele ersieht man, daß selbst die schwerstlöslichen Stoffe, und zu diesen gehört Bariumsulfat und Bariumcarbonat, in gewissem Grade in Wasser löslich sind. Ganz unlösliche Stoffe gibt es nicht; wohl aber ist bei einer Reihe von Stoffen der Grad der Löslichkeit ein so geringer, daß sie für praktische Zwecke als unlöslich gelten können; z. B. braucht 1 g Bariumsulfat zur Lösung über 430 l reines Wasser; in schwefelsäurehaltigem Wasser ist die Löslichkeit des Bariumsulfats noch bedeutend geringer; viele Stoffe, wie z. B. zahlreiche Metalle, sind noch viel weniger, aber immerhin doch nachweisbar in Wasser löslich.

Eine Folge davon ist, daß absolute Trennungen durch Fällung unmöglich sind. Wenn wir mit den besten analytischen Hilfsmitteln einen Stoff aus einer Lösung ausgefällt haben, bleibt stets noch ein wenn auch sehr geringer Teil davon in Lösung zurück. Für die qualitative und noch in höherem Maße für die quantitative Analyse sind zu Trennungen nur diejenigen Fällungsumsetzungen brauchbar, bei denen der zurückbleibende Anteil möglichst klein ist.

Theorie der wäßrigen Lösungen.

Die unverdünnten Säuren, Basen und Salze bestehen im allgemeinen aus solchen Molekeln, als durch ihre Formeln ausgedrückt wird. Beim Auflösen in Wasser geht aber in mehr oder weniger starkem Maße ein Spaltungsprozeß vor sich. Eine verdünnte, wäßrige Lösung von Chlorwasserstoffsäure enthält z. B. nicht mehr die Molekeln HCl gelöst, sondern sie enthält die neuen Molekeln H und Cl; diese Teilmolekeln sind von den Atomen Wasserstoff und Chlor völlig verschieden und zwar besonders dadurch, daß sie mit beträchtlichen Mengen Elektrizität geladen sind, das Wasserstoffatom mit positiver, das Chloratom mit der gleichen Masse negativer Elektrizität. Diese elektrisch geladenen Spaltungsstücke werden mit dem Namen „Ionen“ bezeichnet; den Spaltungsprozeß selbst nennt man „elektrolytische Spaltung“ oder „Ionisation“. Führt man in geeigneter Weise Elektrizität zu einer Lösung eines elektrolytisch gespaltenen Stoffes, so nehmen die Ionen je die entgegengesetzte Elektrizität auf, als mit der sie selbst geladen sind, und gehen in die elektrisch neutralen Atome oder Atomgruppen über, die sich dann ausscheiden oder sich chemisch weiter umsetzen; bei Verwendung von Chlorwasserstoffsäure würde elektrisch nicht geladenes Chlorgas und Wasserstoffgas entweichen.

Ionen: Durch die elektrolytische Dissoziation zerfallen die Säuren in positiv geladene Wasserstoffionen und negativ geladene Säurerestionen oder „Anionen“ (z. B. $H^{\cdot}$ und Cl'; $H^{\cdot}$, $H^{\cdot}$ und SO_4'' oder $H^{\cdot}$ und HSO_4'; $H^{\cdot}$ und H_2PO_4'); die Basen zerfallen in die negativ geladenen Hydroxylionen und die positiv geladenen Baserestionen oder „Kationen“ (z. B. OH' und $Na^{\cdot}$; OH', OH' und $Ca^{\cdot\cdot}$); Säuren können demnach definiert werden als Stoffe, die in wäßriger Lösung Wasserstoffionen enthalten, Basen als Stoffe, die in wäßriger Lösung Hydroxylionen enthalten; die Salze schließlich zerfallen in positive Baserestionen (Kationen) und negative Säurerestionen (Anionen); (z. B. $Na^{\cdot}$ und Cl'; $NH_4^{\cdot}$ und NO_3').

Ein positives Elektrizitätsquantum ist mit einem Punkte angedeutet z. B. $H^{\cdot}$, ein negatives Elektrizitätsquantum mit einem Striche, z. B. OH'. Ionen, die zwei oder mehr Elektrizitätsquanten aufgenommen haben, werden mit zwei oder mehr Punkten oder Strichen versehen. Alle positiven Elektrizitätsquanten müssen wir untereinander als gleich auffassen und als gleichwertig den negativen Elektrizitätsquanten, die ihrerseits alle untereinander gleich sind. Denn bei der Bildung von Ionen durch Auflösen eines Salzes, einer Säure oder Base in Wasser entsteht stets gleich viel negative und positive Elektrizität: die Lösung ist in ihrem elektrischen Verhalten nach außen hin „elektroneutral“.

Die bei der Ionenbildung frei werdende elektrische Energie entsteht aus chemischer Energie, die in den nicht dissoziierten Stoffen vorhanden ist.

Dissoziationsgrad: Die elektrolytische Spaltung erstreckt sich in den Lösungen nicht auf alle Molekeln, sondern je nach dem chemischen Charakter des Stoffes und den äußeren Bedingungen auf einen bald größeren bald kleineren Anteil. Der Bruchteil des Stoffes, der gespalten ist, wird als „Dissoziationsgrad" bezeichnet. Wenn in einer bestimmten Lösung der Dissoziationsgrad des gelösten Stoffes 0·8 ist, so heißt das, daß acht Zehntel des gelösten Stoffes der elektrolytischen Dissoziation anheim gefallen sind.

Molekelgewicht: Diese von Svante Arrhenius in der zweiten Hälfte der achtziger Jahre des verflossenen Jahrhunderts zuerst ausgesprochene Lehre erfuhr in den ersten Jahren ihres Bestehens gewaltigen Widerspruch und Zweifel. Es werden durch sie aber so viele chemische und physikalische Erscheinungen, die bis dahin nicht verständlich waren, in einfacher Weise erklärt, daß wir die Theorie als wohlgestützt ansehen müssen. Eine der wichtigsten Stützen ist die, daß in der Tat die Molekelgewichte der in Wasser gelösten Stoffe, die sich direkt bestimmen lassen, der Zerlegung entsprechend kleiner gefunden werden, als der ungeteilten Formel zukommt. Bei Natriumchlorid findet man z. B. das Molekelgewicht 29·2, also die Hälfte des der Formel [NaCl = 58·5] entsprechenden Wertes, weil jede Molekel Natriumchlorid in zwei Molekeln zerfallen ist.

Im folgenden seien einige Anwendungen der modernen Lösungstheorie besprochen. Näheres muß Kolleg und Selbststudium ergeben.

Neutralisation: Der Vorgang der Neutralisation einer Säure mit einer Base in wäßriger Lösung besteht nach der Dissoziationstheorie in folgendem. Wenn die Säure (z. B. $H^{\cdot}$, Cl') zur Base (z. B. $Na^{\cdot}$, OH') gegeben wird, vereinigen sich die Wasserstoffionen mit den Hydroxylionen zu dem elektrolytisch nur minimal dissoziierten Wasser, und die Baserestionen bleiben mit den Säurerestionen in Lösung. Also:

$$H^{\cdot} + Cl' + Na^{\cdot} + OH' = H_2O + Na^{\cdot} + Cl'$$

Der einzige Stoff, der sich bei dem Neutralisationsvorgange wirklich bildet, ist das Wasser, wie man besonders deutlich sieht, wenn man auf beiden Seiten der Gleichung die gleichen Summanden streicht; es bleibt dann

$$H^{\cdot} + OH' = H_2O$$

Neutralisationswärme: Diese Erklärung des Neutralisationsvorganges, die der älteren Anschauung absolut entgegengesetzt ist, wird durch das thermochemische Verhalten unterstützt. Wie schon einmal bemerkt wurde, sind alle chemischen Umsetzungen mit thermischen Änderungen verknüpft. Es war schon vor Jahrzehnten die damals nicht verständliche Gesetzmäßigkeit erkannt worden, daß bei der Neutralisation äquivalenter Mengen beliebiger, starker Säuren mit äquivalenten Mengen beliebiger, starker Basen in wäßriger Lösung jedesmal die gleiche Wärmemenge in Freiheit gesetzt wird. Der Grund für diese Erscheinung ist, wie wir jetzt leicht erkennen, der, daß bei allen Neutralisationen der chemische Vorgang der gleiche ist, nämlich Bildung von Wasser aus den Ionen $H^{\cdot}$ und OH'; die frei werdende Wärme ist die Bildungswärme des Wassers aus den Ionen $H^{\cdot}$ und OH'.

Leiter zweiter Klasse: Eine übrigens schon alte Anschauung ist die, daß die Ionen für einen durch eine Lösung gehenden elektrischen Strom die

Träger der Elektrizität sind. Nur solche Flüssigkeiten leiten, die Ionen enthalten. Wasser ist nur minimal elektrolytisch dissoziiert, also leitet es den elektrischen Strom so gut wie gar nicht; 1 g Wasserstoff ist als Ionen in etwa $4^1/_2$ Millionen Litern Wasser enthalten. Gute Leiter sind dagegen die wäßrigen Lösungen der Salze, Säuren und Basen, also aller der Stoffe, die wir als elektrolytisch dissoziiert kennen gelernt haben. Wir fassen diese drei Stoffklassen unter dem Namen „Elektrolyte" zusammen. Ein gelöster Stoff leitet um so besser, je reichlicher er in Ionen zerfallen ist; auf Grund dieser Überlegung erkennt man, daß man auf rein physikalischem Wege (durch Leitfähigkeitsbestimmungen) den Grad der elektrolytischen Dissoziation messen kann. Der Versuch hat ergeben, daß die auf diesem Wege ermittelten Werte für den Dissoziationsgrad eines gelösten Stoffes mit den nach anderen Methoden erhaltenen Werten (z. B. den aus Molekelgewichtsbestimmungen abgeleiteten) übereinstimmen.

Stärke der Säuren und Basen: Wie das obige Beispiel des Neutralisationsvorganges zeigt, beruht die Reaktionsfähigkeit der Säuren auf dem Vorhandensein von Wasserstoffionen. Die Stärke der Säuren ist ganz allgemein abhängig von dem Gehalte an Wasserstoffionen, die in der Lösung vorhanden sind. Je stärker dissoziiert eine Säure ist, je größer also die Zahl der Wasserstoffionen unter sonst gleichen Umständen ist, desto stärker wirkt die Säure. Auch hier haben die physikalischen Untersuchungen zu demselben Resultate geführt, wie die chemischen Untersuchungen: so sind die in wäßriger Lösung fast völlig elektrolytisch gespaltenen Halogenwasserstoffsäuren und die Salpetersäure auch rein chemisch sehr starke Säuren. Nur wenig schwächer ist die Schwefelsäure. Essigsäure ist eine schwache, Kohlensäure, Schwefelwasserstoffsäure, Cyanwasserstoffsäure sind sehr schwache Säuren; erstere ist wenig, letztere sind außerordentlich wenig elektrolytisch dissoziiert.

Ebenso wechselnd verhält es sich mit den Basen. Die stärksten Basen sind diejenigen, die am meisten Hydroxylionen abgeben, wie Kaliumhydroxyd, Natriumhydroxyd; wenig ionisiert ist die mäßig starke Base Ammoniumhydroxyd, noch weniger sind die schwachen Basen ionisiert.

Die Salze sind dagegen im allgemeinen weitgehend ionisiert, namentlich diejenigen, die einwertige Ionen liefern, während die Salze, die in zwei- und mehrwertige Ionen zerfallen, weniger, aber doch meist noch so stark dissoziiert sind, daß keine analytischen Unregelmäßigkeiten auftreten. Sehr wenig ionisiert sind einige Halogensalze, so die des Zinks, Cadmiums und namentlich des zweiwertigen Quecksilbers, was später im Anschlusse an das Quecksilber studiert werden möge.

In einer wäßrigen Lösung von Kohlensäure sind Molekeln H_2CO_3 enthalten, daneben in sehr geringer Masse die Ionen $H^\cdot$, $H^\cdot$ und CO_3'', ferner als Produkte einer unvollständigen Dissoziation $H^\cdot$ und HCO_3'; und schließlich ist ein nicht unbeträchtlicher Bruchteil Kohlendioxyd CO_2 rein physikalisch gelöst vorhanden.

In einer wäßrigen Ammoniaklösung sind NH_4OH Molekeln gelöst, daneben in geringer Konzentration die Ionen $NH_4^\cdot$ und OH' und schließlich reichlich die Molekeln NH_3.

Farbe der Lösungen: Von den physikalischen Eigenschaften der Lösungen sei zuletzt noch die augenfälligste, die Farbe, erwähnt. Die Farbe einer Lösung ist von der Farbe der vorhandenen Ionen und der gelösten Molekeln abhängig. So sind alle Cuprisalzlösungen mit farblosen, starken Säureionen und gleichem Kupfergehalte gleich gefärbt, vorausgesetzt, daß sie genügend verdünnt sind; ebenso je alle Kobaltosalz-, alle Nickelosalzlösungen etc.; alle Chromate mit farblosem Kation geben gelb, alle Pyrochromate rot gefärbte Lösungen. Verschwinden die färbenden Ionen, so tritt Entfärbung ein, z. B. bei der Reduktion von Cuprisalz zu Cuprosalz.

Umsetzung in wäßriger Lösung: Die chemischen Umsetzungen der Lösungen sind im allgemeinen Umsetzungen der Ionen. In wäßriger Lösung reagieren demnach alle die Stoffe gleich, die ein gleiches Ion besitzen. So wird das Barium aller Bariumsalzlösungen mit Schwefelsäure gefällt; die Lösungen, die Chlor als Ion enthalten, geben mit Silbernitrat in angesäuerter Lösung einen Niederschlag von Silberchlorid. Dagegen fällt Silbernitrat aus einer Lösung von Kaliumchlorat $KClO_3$ kein Silberchlorid, weil in einer Kaliumchloratlösung keine Chlorionen, sondern die Chlorsäureionen ClO_3' enthalten sind. Silbernitrat ist also kein Reagens auf Chlor schlechthin, sondern nur ein Reagens auf Chlorionen. Hierin liegt im wesentlichen die Erklärung der sogenannten anomalen Reaktionen der unorganischen Chemie.

Eine wichtige Frage ist die: welche Ionen mehrerer Elektrolyte vereinigen sich beim Mischen der Lösungen unter Abgabe ihrer elektrischen Ladungen zu elektrisch nicht geladenen Stoffen, und welche Ionen bleiben? oder in anderen Worten: welche der möglichen Umsetzungen geht vor sich? Die Antwort ruht in dem Satze, daß stets die möglichst wenig dissoziierten Stoffe sich zu bilden bestrebt sind. So bildet sich sofort beim Mischen von Säure- und Baselösung Wasser aus den Wasserstoff- und Hydroxylionen, weil Wasser von allen Stoffen, die entstehen könnten, am wenigsten dissoziiert ist. Beim Zusatze von Chlorwasserstoffsäure zu Natriumacetatlösung bleiben wesentlich Natrium- und Chlorionen in der Lösung, während die Essigsäureanionen mit Wasserstoffionen der Chlorwasserstoffsäure zu nicht dissoziierter Essigsäure zusammentreten etc. Dieser Satz gilt aber nur für den Fall, daß sich weder ein Gas noch ein Niederschlag aus der Lösung ausscheidet; wenn das der Fall ist, so liegen die Verhältnisse, wie wir gleich sehen werden, komplizierter.

Änderungen des Dissoziationsgrades: Der Dissoziationsgrad eines Elektrolyten ist nicht konstant, sondern er ist von den äußeren Verhältnissen abhängig. Je verdünnter eine Lösung ist, desto weiter geht die Dissoziation; je konzentrierter sie ist, desto geringer ist der Dissoziationsgrad. Hiervon kann man sich leicht durch folgenden Versuch überzeugen, zu dem ein Salz, das im dissoziierten Zustande eine andere Farbe besitzt als im nicht dissoziierten Zustande, verwandt werden soll. Man stelle ein wenig einer konzentrierten Lösung von Cuprichlorid her; da die Cupriionen blau, die Cuprichloridmolekeln aber gelbbraun gefärbt sind, da ferner in einer konzentrierten Cuprichloridlösung das Salz nur zum Teile dissoziiert ist, so wird die Lösung eine Mischfarbe von blau und gelb, also grün besitzen. Wird diese Lösung nun allmählich mit Wasser verdünnt, so wird sie blaustichiger; bei starker Verdünnung geht der Farbton in ein reines Blau über — entsprechend einer vollständigen Dissoziation des gelösten Cuprichlorids. Noch auffälliger ist der Farbumschlag bei Verwendung des schwarzbraunen Cupribromids.

Dasselbe — wenn auch weniger deutlich — beobachtet man bei einer Kobaltochloridlösung, die sehr konzentriert — namentlich in der Wärme — blaurot, verdünnt aber gelbstichig rot erscheint.

Der Dissoziationsgrad eines schwachen Elektrolyten sinkt, wenn in der Lösung die eine der Ionenarten künstlich vermehrt wird, z. B. dadurch, daß man zu einer Salzlösung etwas freie Säure oder Base des Salzes hinzufügt. Recht augenfällig ist dieser Einfluß bei der eben benutzten Cuprichloridlösung; wird nämlich zu der grünen, konzentrierten Cuprichloridlösung etwas konzentrierte Chlorwasserstoffsäure gesetzt, so wird das Grün gelbstichiger und geht bei starkem Chlorwasserstoffzusatze in ein reines Gelbbraun über; denn es ist durch den Zusatz von Chlorwasserstoff die Konzentration der Chlorionen in der Lösung erhöht worden. Man stelle den Versuch an.

Ein weiteres Beispiel für dieses Gesetz ist die oben behandelte Tatsache, daß die Basizität einer Ammoniaklösung durch Zusatz von Ammoniumsalzen herabgedrückt wird. Durch die starke Vermehrung der Ammoniumionen, die das im Vergleiche zum mäßig dissoziierten Ammoniumhydroxyde stark dissoziierte Ammoniumchlorid hervorbringt, wird die elektrolytische Spaltung des Ammoniumhydroxyds beträchtlich herabgedrückt: die Konzentration der Hydroxylionen nimmt ab; und die Wirkung der Base schwächt sich so weit, daß sie nicht mehr Magnesium-, Zink-, Ferro- und einige andere Metallsalze auszufällen imstande ist.

Zahlreiche Eigentümlichkeiten, die bei essigsauren Lösungen zu beobachten sind (vgl. die Umsetzungen der salpetrigen Säure), ferner die geringere Löslichkeit von Chlorwasserstoffgas in Chloridlösungen oder in verdünnten Säuren reinem Wasser gegenüber beruhen im letzten Grunde auf diesem Gesetze.

Massenwirkungsgesetz: Das eben besprochene Gesetz ist ein Einzelfall des „Massenwirkungsgesetzes", eines der wichtigsten Gesetze der Chemie, das hier nur kurz und auch nicht in seinem ganzen Umfange angedeutet sein möge. Das Massenwirkungsgesetz beruht auf der Erkenntnis, daß jeder Stoff proportional seiner Konzentration zur Wirkung kommt. Ein besonders einfacher Fall ist die Dissoziation eines Stoffes in zwei Spaltungsstücke; es besteht dann zwischen dem Stoffe und seinen Spaltungsstücken ein Gleichgewicht. Wenn man die Konzentration eines Stoffes mit c, die seiner Spaltungsstücke mit a und b und eine Konstante mit K bezeichnet, so wird das Gleichgewicht durch folgende Gleichung festgelegt:

$$a \cdot b = K \cdot c$$

Beispiele für diesen Fall bilden alle binären Elektrolyte. Die Konstante K, die hier als „Dissoziationskonstante" bezeichnet wird, ist bei allen stark ionisierten Stoffen groß, bei den nur wenig ionisierten Stoffen klein; ein Blick auf die Gleichung macht das verständlich. Die Konstante ist von der Natur des Stoffes und von der Temperatur abhängig.

Der Einfluß eines gleichionigen Zusatzes zu der Lösung eines schwachen Elektrolyten läßt sich auf Grund des eben Auseinandergesetzten verstehen. Bei einem schwachen Elektrolyten sind die Ionen in geringer Konzentration vorhanden: a und b sind also klein; die Konzentration des nicht gespaltenen Anteiles c ist groß; und die Konstante K ist nach dem Obigen klein. Jetzt werde ein zweiter und zwar starker Elektrolyt zugesetzt, der ein gleiches Ion wie das von der Konzentration a reichlich in die Lösung bringt. Dadurch findet eine Verschiebung des Gleichgewichts statt: die Konzentration des den beiden Elektrolyten gemeinsamen Ions a ist jetzt groß; c kann nur wenig zunehmen, da es schon fast die Gesamtmasse des Elektrolyten ausmacht; K ist konstant. Also kann die Zunahme von a nur durch eine Verkleinerung von b ausgeglichen werden, wobei selbstverständlich c ein wenig wächst und a ein wenig abnimmt. Eine Abnahme von b besagt aber, daß die Ionisation des schwachen Elektrolyten zurückgeht.

Umsetzungsgleichungen: Die elektrolytische Dissoziationslehre hat zu einer neuen Schreibweise der chemischen Umsetzungen geführt, die den wirklichen Verhältnissen der Lösung besser Rechnung trägt als die bisher von uns benutzte Schreibweise, welche die zu einem Einzelversuche angewandten Ausgangsstoffe und die entstehenden Endstoffe in Formeln zu einer Gleichung zusammenfaßte. Die Umsetzung zwischen Chlorwasserstoff und Silbernitrat zu Silberchlorid und Salpetersäure haben wir bisher folgendermaßen formuliert:

1. $HCl + AgNO_3 = AgCl + HNO_3$

Dadurch, daß wir die in der Lösung als Ionen vorhandenen Stoffe als Ionen schreiben, erhält diese Gleichung folgendes Aussehen:

2. $H^{\cdot} + Cl' + Ag^{\cdot} + NO_3' = AgCl + H^{\cdot} + NO_3'$

In dieser Gleichung kommen H˙ und NO_3' auf beiden Seiten vor; sie können also fortgelassen werden. Dadurch wird die Gleichung auf folgende einfachere Form gebracht:

3. $$Cl' + Ag^{\cdot} = AgCl$$

Sie besagt jetzt: Wenn in einer Lösung gleichzeitig Chlorionen und Silberionen vorhanden sind, so bleiben sie nicht als solche bestehen, sondern sie vereinigen sich zu Silberchlorid.

Diese neue Ionengleichung ist aber nicht nur einfacher, sondern auch viel allgemeiner. Sie besagt, daß nicht nur Chlorwasserstoff, sondern daß irgend ein beliebiges Chlorid (NaCl, KCl, $CaCl_2$) — vorausgesetzt, daß es beim Auflösen in Wasser Chlorionen bildet — mit irgend einem beliebigen Silbersalze ($AgNO_3$, Ag_2SO_4), dessen wäßrige Lösung Silberionen enthält, sich unter Silberchloridbildung umsetzt.

Für den Lernenden ist es am zweckmäßigsten, von jeder Umsetzung, so wie es in diesem Buche getan ist, zunächst die Reagenzienumsetzungsgleichung aufzustellen, die der einzelnen von ihm praktisch ausgeführten Umsetzung entspricht; und dann erst aus dieser die allgemeiner geltende Ionengleichung herauszuschälen, wie es am Beispiele der Silberchloridfällung eben geschehen ist. Erst der Geübte ist imstande, Ionengleichungen ohne weiteres richtig anzusetzen.

Theorie des Auflösens und Fällens.

Nach der Molekeltheorie besteht das Auflösen eines Stoffes in einem anderen Stoffe darin, daß sich seine Molekeln voneinander trennen und zwischen die Molekeln des anderen Stoffes schieben; die Trennung der Molekeln beim Auflösen ist ihrer Trennung beim Verdampfen analog.

Manche Stoffe lösen sich in bestimmten, anderen Stoffen in unbegrenzter Masse auf; so Alkohol in Wasser („völlige Mischbarkeit"). Die Mehrzahl der Stoffe löst sich aber nur bis zu einer bestimmten Maximalkonzentration auf. Eine Lösung, die in Berührung mit einem Überschusse des gelösten Stoffes nichts mehr von ihm aufnimmt, heißt „gesättigt"; verdünntere Lösungen als die gesättigte Lösung heißen „ungesättigt"; konzentriertere, die man unter gewissen Bedingungen auch herstellen kann, heißen „übersättigt". Ungesättigte und übersättigte Lösungen sind in Gegenwart eines Überschusses vom gelösten Stoffe nicht beständig: erstere nehmen von ihm auf, letztere geben an ihn ab, bis sich das der gesättigten Lösung entsprechende Gleichgewicht zwischen ungelöstem Stoffe und Lösung hergestellt hat. Unter „Löslichkeit eines Stoffes" versteht man die Anzahl Gramme des Stoffes, die mit 100 g Lösungsmittel eine gesättigte Lösung geben. In den meisten Fällen steigt die Löslichkeit mit der Temperatur.

Komplizierter sind die Verhältnisse, wenn der gelöste Stoff in der Lösung in Ionen zerfällt. Es besteht dann einmal ein Gleichgewicht zwischen dem ungelösten Stoffe und seinem gelösten, aber nicht ionisierten Anteile, und weiterhin ein zweites Gleichgewicht zwischen diesem und seinen Ionen; das zweite Gleichgewicht wird durch das Massenwirkungsgesetz beherrscht.

Nehmen wir als einfachsten Fall einen binären Elektrolyten und bezeichnen die Konzentration, in welcher der ungespaltene, gelöste Elektrolyt in der gesättigten Lösung enthalten ist, mit c, so gilt

$$a \cdot b = K \cdot c$$

Nach dem oben Gesagten ist die Löslichkeit eines Stoffes bei gleicher Temperatur konstant; also ist auch c konstant. Da K ebenfalls konstant ist, muß auch die linke Seite der Gleichung, d. h. das Produkt $a \cdot b$ konstant sein. Das besagt: in einer gesättigten Lösung eines ionisierbaren Stoffes ist das Produkt der Ionenkonzentrationen konstant. Man nennt dieses Produkt das „Löslichkeitsprodukt". Eine Lösung ist für einen Elektrolyten gesättigt, wenn in ihr so viel Ionen des zu lösenden Stoffes vorhanden sind, daß das Produkt dieser Ionenkonzentrationen gleich dem Löslichkeitsprodukte ist; sie ist ungesättigt, wenn das Löslichkeitsprodukt durch das Produkt der Ionenkonzentrationen nicht erreicht ist, sie ist übersättigt, wenn es dadurch überschritten ist.

Wenn eine Ionenart im Überschusse vorhanden ist, so wird das Löslichkeitsprodukt schon erreicht, wenn von der anderen Ionenart eine geringere Masse vorhanden ist; wesentlich ist nur das Produkt beider Konzentrationen. So erklärt sich der Erfahrungssatz, daß ein Elektrolyt in einer Lösung, die eines seiner Ionen schon enthält, weniger löslich ist als in reinem Wasser: Bariumsulfat ist in einer SO_4'' enthaltenden Lösung und ebenso in einer $Ba^{\cdot\cdot}$ enthaltenden Lösung weniger löslich, als in reinem Wasser oder in sonstigen Lösungen, die weder $Ba^{\cdot\cdot}$ noch SO_4'' enthalten. Daraus ergibt sich der durch die Erfahrung längst festgestellte Satz, daß man bei Fällungen einen kleinen Überschuß des Fällungsmittels anzuwenden habe. Ausführlicher und an einem Beispiele durchgerechnet findet sich diese Lehre in W. Ostwalds Grundlinien der anorganischen Chemie beim Abschnitte Kaliumion (I. Auflage Seite 447 bis 451).

Man stelle folgenden Versuch an, der die Herabsetzung der Löslichkeit von Kaliumchlorat auf Zusatz gleichioniger Stoffe zeigt:

Man bereite eine bei Zimmertemperatur gesättigte Kaliumchloratlösung, indem man eine Probe Kaliumchlorat in heißem Wasser löst und die Lösung unter Umschwenken unter dem Strahle der Wasserleitung auf etwa Zimmertemperatur abkühlen läßt, wobei ein Teil des gelösten Kaliumchlorats auskrystallisieren muß. Nach einer Stunde filtriert man ab und versetzt vier Proben der Lösung je mit einigen Tropfen einer der Lösungen von Kaliumchlorid, Kaliumnitrat, Natriumchlorat, Natriumchlorid. Die ersten drei Gemische trüben sich in etwa einer Minute, schneller beim Umschütteln und lassen Kaliumchlorat auskrystallisieren. Die vierte Probe, zu der kein gleichioniger Zusatz (NaCl) gekommen ist, bleibt klar.

Fällungen: Die Theorie der Fällungen ergibt sich aus dem eben Dargelegten: eine Fällung erfolgt, wenn in einer Lösung Ionen in so großer Konzentration vorhanden sind, daß das Produkt ihrer Konzentrationen (das „Konzentrationsprodukt") größer ist als das Löslichkeitsprodukt eines Stoffes, der sich aus ihnen bilden kann. Es erfolgt — event. nach einem Stadium der Übersättigung — die Ausscheidung eines Niederschlages. Als Beispiel seien die Fällungen von Manganosulfid, von Zinksulfid und von Cuprisulfid behandelt:

Mangan bildet ein Sulfid MnS, das in Wasser sehr wenig löslich ist; immerhin geht etwas in Lösung und zerfällt, da die Lösung sehr verdünnt ist, fast völlig in die Ionen $Mn^{\cdot\cdot}$ und S''; das Produkt der Konzentrationen dieser Ionen in gesättigter Lösung ist das Löslichkeitsprodukt des Manganosulfids. Wenn nun in eine Manganosalzlösung Schwefelwasserstoff geleitet wird, der als sehr schwache Säure außerordentlich wenig dissoziiert ist, so reicht die sehr geringe Konzentration der S''-Ionen nicht aus, mit der Konzentration der reichlich vorhandenen Manganoionen $Mn^{\cdot\cdot}$ ein Konzentrationsprodukt zu geben, das größer ist als das Löslichkeitsprodukt des Manganosulfids. Also entsteht kein Niederschlag. Wird aber statt des Schwefelwasserstoffs Ammoniumsulfid zur

Manganosalzlösung gesetzt, dessen Lösung reichlich S''Ionen enthält, so reicht jetzt die vorhandene Schwefelionenkonzentration aus: das Konzentrationsprodukt der Mangano- und Schwefelionen ist größer als das Löslichkeitsprodukt, und Manganosulfid fällt aus.

Beim Zinksulfid ist das Löslichkeitsprodukt etwas geringer. Deshalb wird in einer neutralen Zinksalzlösung schon mit den Schwefelionen des Schwefelwasserstoffs das Löslichkeitsprodukt des Zinksulfids eben überschritten: es fällt etwas Zinksulfid aus. Dabei wird die Säure des Zinksalzes frei, und ihre Wasserstoffionen vermindern nach dem Massenwirkungsgesetze die elektrolytische Dissoziation des Schwefelwasserstoffs. Nun reicht die Konzentration der Schwefelionen nicht mehr aus, trotz reichlich noch vorhandener Zinkionen das Löslichkeitsprodukt des Zinksulfids zu überschreiten: der Rest Zink fällt aus der Lösung also nicht aus; die Fällung bleibt unvollständig.

So wie eben beschrieben ist der Vorgang aber nur, wenn die Säure des Zinksalzes stark ist, also reichlich Wasserstoffionen liefert, die imstande sind, die Dissoziation des Schwefelwasserstoffs merklich herabzudrücken. Wenn die Säure des Zinksalzes aber schwach, also wenig dissoziiert ist, so liefert sie zu wenig Wasserstoffionen, um merklich auf den Dissoziationsgrad des Schwefelwasserstoffs einwirken zu können. So erklärt es sich, daß Zink aus der Lösung des Zinkacetats und des Zinkthiocyanats mit Schwefelwasserstoff völlig ausfällt.

Das Löslichkeitsprodukt des Cuprisulfids CuS ist noch geringer als das des Zinksulfids. Selbst wenn starke Säuren vorhanden sind oder während der Umsetzung des Cuprisalzes mit Schwefelwasserstoff frei werden, ist das Konzentrationsprodukt der Cupriionen und Schwefelionen größer als das Löslichkeitsprodukt des Cuprisulfids: es fällt also Cuprisulfid auch aus einer mit starken Säuren angesäuerten Cuprisalzlösung beim Einleiten von Schwefelwasserstoff aus.

3. Magnesiumgruppe.

Als Metalle der Magnesiumgruppe seien das Beryllium, Magnesium, Zink, Cadmium zusammengefaßt. Es sind an der Luft wohlbeständige Stoffe, die sich nur oberflächlich mit einem dünnen Häutchen Oxyd bedecken, welches das darunter liegende Metall vor weiterer Oxydation schützt. Im glühenden Zustande verbinden sie sich leichter mit Sauerstoff; erhitztes Magnesium verbrennt ohne weitere Wärmezufuhr.

Die Oxyde und Carbonate sind in Wasser sehr schwer löslich; die Chloride, Nitrate, Sulfate sind leicht löslich. Von den Sulfiden ist Cadmiumsulfid am beständigsten, da es erst von kochender verdünnter Schwefelsäure zerlegt und gelöst wird; weniger beständig ist das Zinksulfid, das sich schon in kalter verdünnter Schwefelsäure löst. Magnesiumsulfid und das noch nicht rein gewonnene Berylliumsulfid werden schon durch Wasser zerlegt; sie können nur auf trocknem Wege dargestellt werden.

Magnesium.

Ein Stück Magnesiumband von Fingerlänge werde an einem Ende mit einer Pinzette gefaßt und am anderen in eine Flamme gehalten; es entzündet sich und verbrennt ohne weitere Wärmezufuhr mit blendend hellem, weißem Lichte und unter Bildung eines weißen Rauches zu Magnesiumoxyd. Den Verbrennungsrückstand bringe man in eine Porzellanschale.

Eine Probe des Rückstandes werde mit einem Tropfen Wasser auf rotes Lackmuspapier gebracht; dieses bläut sich nach einiger Zeit, da das Magnesiumoxyd langsam Wasser anlagert, und das gebildete Magnesiumhydroxyd in Wasser nicht ganz unlöslich ist.

Der Rest des Magnesiumoxydrückstandes werde in einigen Tropfen Chlorwasserstoffsäure (möglichst wenig!) gelöst, die Lösung mit etwas Wasser verdünnt und von geringen, ungelöst gebliebenen Partikelchen abfiltriert. Diese bestehen wesentlich aus Siliciumdioxyd, das sich bei der Verbrennung von etwas im Magnesium enthaltenen Silicium gebildet hat. Die Magnesiumchloridlösung werde zu folgenden Fällungen benutzt.

Natriumhydroxyd: gibt einen weißen, flockigen Niederschlag von Magnesiumhydroxyd.

$$MgCl_2 + 2\,NaOH = Mg(OH)_2 + 2\,NaCl$$

Ammoniak: weißes Magnesiumhydroxyd; die Fällung ist, wie schon beim Ammonium besprochen wurde, nicht vollständig; der Niederschlag löst sich auf Zusatz von Ammoniumchlorid wieder auf. Wenn zum Auflösen des Magnesiumoxyds zuviel Chlorwasserstoffsäure verwandt wurde, entsteht deshalb überhaupt kein Niederschlag. Der Versuch ist dann mit etwas säurefreier Magnesiumsalzlösung des Reagensgestells zu wiederholen.

$$MgCl_2 + 2\,NH_4OH = Mg(OH)_2 + 2\,NH_4Cl$$ (In Abwesenheit von Ammoniumsalzen.)

$$Mg(OH)_2 + 2\,NH_4Cl = MgCl_2 + 2\,NH_4OH$$ (In Gegenwart von Ammoniumsalzen.)

Beide Gleichungen sind identisch, nur ist rechts und links vertauscht. Die Umsetzung verläuft also je nach den äußeren Umständen von links nach rechts oder umgekehrt. Solche „umkehrbare Umsetzungen" bezeichnet man in Gleichungen durch einen Doppelpfeil $\rightleftarrows$ (vgl. Seite 44), also:

$$MgCl_2 + 2\,NH_4OH \rightleftarrows Mg(OH)_2 + 2\,NH_4Cl$$

Natriumcarbonat: fällt zunächst weißes Magnesiumcarbonat aus, das aber sofort einen Teil der Kohlensäure unter Hydrolyse abgibt und in basisches Salz von wechselnder Zusammensetzung übergeht: „Weiße Magnesia". Die Fällung ist in der Kälte unvollständig und wird erst beim Erhitzen vollständig, weil zunächst ein Teil des Magnesiums als Hydrocarbonat $Mg(HCO_3)_2$ gelöst bleibt.

In Gegenwart von Ammoniumsalzen entsteht kein Niederschlag; auch löst sich der schon entstandene Niederschlag auf Zusatz von Ammoniumchloridlösung wieder auf. Der Grund hierfür ist dem bei der Ammoniakfällung besprochenen völlig analog. Das neutrale Magnesiumcarbonat $MgCO_3$ läßt sich krystallwasserhaltig durch Stehenlassen des basischen Carbonats mit kohlensäurehaltigem Wasser darstellen; in der Natur findet es sich krystallwasserfrei als „Magnesit“.

Natriumphosphat: Zu einer Probe Magnesiumsalzlösung gebe man etwas Ammoniumchlorid, um ein Ausfallen von Magnesiumhydroxyd zu verhindern, und mache mit Ammoniak alkalisch; oder man säuere die Magnesiumsalzlösung mit Chlorwasserstoffsäure an und setze Ammoniak im Überschusse hinzu; alsdann versetze man mit etwas Natriumphosphatlösung: es fällt Ammoniummagnesiumphosphat aus.

$$MgCl_2 + NH_3 + Na_2HPO_4 = 2\,NaCl + Mg(NH_4)PO_4$$

Aus verdünnten Lösungen fällt der Niederschlag erst nach einiger Zeit. Man befördert sein Entstehen dadurch, daß man die Flüssigkeit umrührt und mit dem Glasstabe dabei an den Wänden des Glases kratzt; auch ist ein kleiner Ammoniaküberschuß nötig. Ammoniummagnesiumphosphat ist das schwerstlösliche Salz des Magnesiums, ferner ein Salz, dessen Ausfällung nicht durch Gegenwart von Ammoniak oder Ammoniumsalzen gestört, vielmehr befördert wird; deshalb wird es zur Abscheidung des Magnesiums in der qualitativen und quantitativen Analyse benutzt.

Ammoniummagnesiumphosphat geht beim Glühen in Magnesiumpyrophosphat über.

$$2\,Mg(NH_4)PO_4 = Mg_2P_2O_7 + 2\,NH_3 + H_2O$$

Zink.

Ein Stückchen Zink werde auf Kohleunterlage mit der oxydierenden Stichflamme des Lötrohrs unter kräftigem Blasen stark erhitzt. Es schmilzt und verbrennt mit bläulichweißer, fahler Flamme; dabei steigt ein weißer Rauch auf, der sich zum Teile auf der Kohle in der Nähe des Metalls als weißer „Beschlag“ niedersetzt; der Beschlag zeigt, solange er heiß ist, eine gelbe Farbe.

Ein Stückchen reines Stangenzink werde mit einigen Kubikzentimetern reiner verdünnter Schwefelsäure übergossen, und einige Tropfen reiner konzentrierter Schwefelsäure zugesetzt. Es tritt unter diesen Umständen nur eine minimale Wasserstoffentwicklung auf, selbst wenn man die Mischung erwärmt. Die Umsetzung wird aber lebhaft, sobald man das Zinkstück mit einem Platindrahte berührt; man beobachte hierbei, daß die Wasserstoffentwicklung nicht vom Zink, sondern vom Platindrahte ausgeht. Sobald sich Zink und Platin nicht mehr berühren, hört die Gasentwicklung auf.

Die gleichen Erscheinungen beobachtet man beim Auflösen von reinem Cadmium in reiner, verdünnter Schwefelsäure.

Verwendet man unreine Materialien, so enthält das Metall fremde Metallpartikelchen —, oder es schlagen sich aus der unreinen Säure solche auf ihm nieder —, die die Stelle des Platindrahtes ausfüllen.

Solche inhomogene Stellen schafft man künstlich durch Zusatz eines Tropfens Platinchlorwasserstoff- oder Silbernitratlösung zu dem Metall-Säuregemische: Platin- oder Silberteilchen schlagen sich sofort auf dem Zink nieder und ermöglichen eine lebhafte Auflösung des Zinks.

Man führe mit etwas Zinksalzlösung die folgenden Fällungen aus.

Natriumhydroxyd: weißes, flockig-gelatinöses Zinkhydroxyd, vorausgesetzt, daß nicht zuviel Natriumhydroxydlösung zugesetzt ist.

$$ZnCl_2 + 2\,NaOH = Zn(OH)_2 + 2\,NaCl$$

Ein Überschuß an Natriumhydroxyd löst das Zinkhydroxyd zu Mononatriumzinkat. Zinkhydroxyd verhält sich Natriumhydroxyd gegenüber als eine Säure mit dem Ion ZnO_2H'.

$$Zn(OH)_2 + NaOH = H_2O + Zn\genfrac{}{}{0pt}{}{OH}{ONa}$$

Wird in Natriumhydroxydlösung so viel Zinkhydroxyd eingetragen, als sich löst, filtriert, die Natriumzinkatlösung mit Wasser verdünnt und zum Kochen erhitzt, so fällt Zinkhydroxyd daraus zum Teile wieder aus. Wird Natriumzinkatlösung mit Natriumchloridlösung verdünnt, so fällt Zinkhydroxyd sofort, und nach einiger Zeit fast quantitativ aus. Natriumzinkat neigt also stark zu hydrolytischer Spaltung.

In der Tat ist auch das gelöste Natriumzinkat größtenteils hydrolytisch gespalten, wobei das Zinkhydroxyd kolloïdal gelöst ist (vgl. den Abschnitt über kolloïdale Lösungen); schon äußerlich zeigt sich das an der Opalescenz der Natriumzinkatlösung.

Ähnliche Verbindungen bilden die Hydroxyde von Aluminium, Chrom, Blei, Zinn (vgl. den Abschnitt: Metalloxydalkaliverbindungen Seite 64).

Eine Probe des erhaltenen Zinkhydroxyds werde am Platindrahte geglüht; der weiße Glührückstand werde mit einem Tröpfchen sehr verdünnter Kobaltonitratlösung befeuchtet und nochmals geglüht. Er erscheint jetzt grün gefärbt („Rinmanns Grün“).

Ammoniak: durch wenig Ammoniaklösung wird Zinkhydroxyd ausgefällt; ein Überschuß von Ammoniaklösung löst den Niederschlag leicht zu komplexem Zinkammoniaksalze z. B. $[Zn(NH_3)_6]Cl_2$. Ausgefälltes und ausgewaschenes, reines Zinkhydroxyd löst sich ebenfalls leicht in Ammoniaklösung auf und zwar als Zinkammoniakhydroxyd $[Zn(NH_3)_6](OH)_2$.

Die Gegenwart von Ammoniumsalzen starker Säuren in der Zinksalzlösung verhindert die Abscheidung von Zinkhydroxyd beim Zusatze von Ammoniak (vgl. Seite 39 und 51).

Natriumcarbonat: fällt unter einer je nach den äußeren Bedingungen bald stärkeren, bald schwächeren Kohlendioxydentwicklung basisches Zinkcarbonat von wechselnder Zusammensetzung aus.

Schwefelwasserstoff: Wenn in eine schwach mit Chlorwasserstoffsäure angesäuerte Zinksalzlösung Schwefelwasserstoffgas eingeleitet wird (Stinkraum!), so fällt nichts aus. Man gebe zu der Lösung jetzt reichlich Natriumacetatlösung hinzu und leite nochmals Schwefelwasserstoffgas hindurch: jetzt fällt weißes Zinksulfid (vgl. die Erklärung auf Seite 54 bis 55). Wichtige Erkennungsprobe.

$$ZnCl_2 + 2\,Na(C_2H_3O_2) + H_2S = ZnS + 2\,NaCl + 2\,H(C_2H_3O_2)$$

Ammoniumsulfid: fällt weißes Zinksulfid; ein Zusatz von Ammoniumchlorid befördert die Abscheidung.

$$ZnCl_2 + (NH_4)_2S = ZnS + 2\,NH_4Cl$$

Cadmium.

Man erhitze ein Stückchen Cadmium auf Kohle mit der Lötrohrflamme; es schmilzt und verbrennt zu gelbbraunem Cadmiumoxyd, das sich zum Teile auf der Kohle als Beschlag niederschlägt, zum Teile als Rauch entweicht.

Ein Stück Cadmium von Erbsengröße werde in etwas verdünnter Schwefelsäure, der einige Tropfen konzentrierter Schwefelsäure zugesetzt sind, unter Berührung mit Platin gelöst. Mit dieser Lösung oder mit einer Cadmiumsalzlösung des Laboratoriums werden folgende Versuche ausgeführt:

Natriumhydroxyd: fällt weißes Cadmiumhydroxyd, welches im Überschusse von Natriumhydroxydlösung unlöslich ist.

$$CdSO_4 + 2\,NaOH = Cd(OH)_2 + Na_2SO_4$$

Ammoniak: fällt Cadmiumhydroxyd, das auf weiteren Zusatz von Ammoniaklösung sich zu einem komplexen Cadmiumammoniaksalze löst, in unserem Falle zu Tetrammincadmiumsulfat $[Cd(NH_3)_4]SO_4$ (vgl. Seite 40). Ausgewaschenes, reines Cadmiumhydroxyd löst sich nur sehr wenig in Ammoniaklösung, wohl aber in Ammoniumsalzlösungen, auch in solchen schwacher Säuren. Cadmiumammoniakhydroxyd ist in wäßriger Lösung also viel weniger löslich als die Cadmiumammoniaksalze.

Natriumcarbonat: weißes, im Überschusse des Fällungsmittels unlösliches Cadmiumcarbonat.

$$CdSO_4 + Na_2CO_3 = CdCO_3 + Na_2SO_4$$

Schwefelwasserstoff oder Ammoniumsulfid: fällen gelbes Cadmiumsulfid.

$$CdSO_4 + H_2S = CdS + H_2SO_4$$

Cadmiumsulfid ist in der Kälte in verdünnten Säuren unlöslich, wird aber von konzentrierter Chlorwasserstoffsäure oder von kochender 20 %iger Schwefelsäure gelöst und zerlegt. Man stelle diesen Versuch an.

Cadmium fällt — im Gegensatze zu allen bisher besprochenen Metallen — aus schwach saurer Lösung mit Schwefelwasserstoff als Sulfid aus, kann also dadurch von ihnen getrennt werden. Anderseits ist das Cadmiumsulfid von allen mit Schwefelwasserstoff aus saurer Lösung ausfallenden Metallsulfiden (HgS, Ag_2S, CuS, PbS, Bi_2S_3, As_2S_3, Sb_2S_3, SnS) das löslichste und deshalb unbeständigste; es wird, wie eben festgestellt wurde, schon durch verdünnte Schwefelsäure in der Wärme gelöst, was bei den anderen Sulfiden nicht möglich ist.

Kaliumcyanid: Ein wenig frisch bereitete Kaliumcyanidlösung fällt aus nicht zu verdünnter Cadmiumsalzlösung weißes Cadmiumcyanid

$$CdSO_4 + 2\,KCN = Cd(CN)_2 + K_2SO_4$$

Auf weiteren Zusatz von Kaliumcyanidlösung löst sich das Cadmiumcyanid zum Kaliumsalze der komplexen Cadmiumcyanwasserstoffsäure $K_2[Cd(CN)_4]$.

$$Cd(CN)_2 + 2\,KCN = K_2[Cd(CN)_4]$$

Aus dieser Lösung fällt Natriumhydroxydlösung kein Cadmiumhydroxyd: ein Zeichen dafür, daß ein komplexes Salz vorliegt (vgl. Seite 72). Wird jedoch Ammoniumsulfid zugesetzt, so fällt Cadmiumsulfid CdS aus. Durch Zusatz von Chlorwasserstoffsäure zur nicht zu verdünnten Kaliumcadmiumcyanidlösung scheidet sich freie Cadmiumcyanwasserstoffsäure aus, die aber sofort in Cyanwasserstoff und Cadmiumcyanid zerfällt, welches letztere sich in weißen Flocken absetzt.

$$K_2[Cd(CN)_4] + 2\,HCl = \{H_2[Cd(CN)_4]\} + 2\,KCl$$
$$\{H_2[Cd(CN)_4]\} = 2\,HCN + Cd(CN)_2$$

Man versäume nicht, nach jedem Arbeiten mit dem höchst giftigen Kaliumcyanid sich die Hände gründlich zu waschen.

4. Eisengruppe.

Von den Metallen der Eisengruppe sind Eisen und Kobalt vorwiegend zwei- und dreiwertig; Aluminium ist nur dreiwertig, Nickel nur zweiwertig. Das Eisen steht dem Aluminium insofern näher, als die zweiwertige Form leicht in die dreiwertige übergeführt werden kann; beim Kobalt ist die zweiwertige Form weitaus die beständigere.

Zur Illustration für die Zusammensetzung der Verbindungen der Eisenreihe seien die Formeln der wichtigsten Eisenverbindungen angegeben.

Oxydulreihe	Oxydreihe
Ferrooxyd (Eisenoxydul) } FeO	Ferrioxyd (Eisenoxyd) } Fe_2O_3
Ferrohydroxyd $Fe(OH)_2$	
Ferrochlorid $FeCl_2$	Ferrichlorid $FeCl_3$
Ferrocarbonat $FeCO_3$	
Ferrosulfat $FeSO_4$	Ferrisulfat $Fe_2(SO_4)_3$
Ferrosulfid FeS	

Die Oxyde, Hydroxyde, Carbonate sind in Wasser unlöslich; die Chloride, Nitrate, Sulfate sind wasserlöslich.

Aluminiumsulfid ist das unbeständigste Sulfid der Eisengruppe; es zerlegt sich schon mit Wasser unter Hydrolyse zu Aluminiumoxydhydrat und Schwefelwasserstoff; es ist also auf nassem Wege nicht darstellbar. Ferrosulfid ist in verdünnten Säuren löslich, wird also aus saurer (auch essigsaurer) Lösung durch Schwefelwasserstoff nicht gefällt. Nickel und Kobalt zeigen die merkwürdige Eigenschaft, daß sie sich nicht aus saurer Lösung durch Schwefelwasserstoff als Sulfide ausfällen lassen. Man erhält die Sulfide durch Ausfällen der neutralen Metallsalzlösungen mit Ammoniumsulfid; die einmal ausgefällten Sulfide lassen sich aber jetzt nicht mehr in verdünnten Säuren auflösen. Der Grund für diese auffallende Erscheinung ist darin zu suchen, daß die zunächst ausgefällten Sulfide, die jedenfalls säurelöslich sind, bald in eine andere, beständigere Modifikation übergehen, in der sie nicht mehr säurelöslich sind. Es ist dies ein Beispiel für die oft zu beobachtende Erscheinung, daß frisch gebildete Niederschläge zunächst in einer leichter löslichen und deshalb weniger beständigen Form entstehen, die erst mit der Zeit — schneller beim Erwärmen — in eine schwerer lösliche Form übergehen („Altern").

Die Hydroxyde dieser Gruppe sind schwache Basen; sie ziehen kein Kohlendioxyd aus der Luft an. Die mit starken Säuren gebildeten Salze röten blaues Lackmuspapier.

Die Trihydroxyde der meisten dreiwertigen Metalle sind mit Sicherheit bisher nicht dargestellt worden. Die mit Natriumhydroxyd oder Ammoniak aus ihren Salzlösungen sich ausscheidenden Fällungen enthalten mehr Wasser — allerdings locker gebunden — als der Hydroxydformel entspricht. Beim Trocknen geht das Wasser langsam und stetig fort, ohne daß eine normale Hydroxydverbindung entstände; als einzig faßbares Endprodukt der Entwässerung erhält man das Metalloxyd. Es erscheint deshalb zweckmäßig, die Fällungen als „Metalloxydhydrate" zu bezeichnen. Im folgenden ist das dem Oxyd angelagerte Hydratwasser in den Formelgleichungen nicht aufgenommen.

Aluminium.

Silberweißes, luftbeständiges Metall, oberflächlich durch eine äußerst dünne Schicht von Oxyd weißlich. Gewöhnlich ist es durch $^1/_2$ bis 1 % Silicium und Spuren anderer Metalle verunreinigt.

Ein kleines Stückchen Aluminium werde mit der Lötrohrflamme auf Kohleunterlage geschmolzen. Es schmilzt bei etwa 660°. Das geschmolzene Metall umkleidet sich mit einer dicken, grauen Oxydschicht, die es vor weiterer Oxydation schützt.

Ein Stück Aluminium werde im Probierglase mit verdünnter Chlorwasserstoffsäure, der ein wenig konzentrierte Chlorwasserstoffsäure zugesetzt ist, gelöst. Es löst sich unter Wasserstoffentwicklung. Durch Eindampfen dieser Lösung würde sich wasserfreies Aluminiumchlorid nicht darstellen lassen, da das Chlorid dabei unter Hydrolyse in basisches Aluminiumchlorid übergeht, — derselbe Prozeß, den wir beim Calciumchlorid kennen gelernt haben, der aber beim Aluminiumchlorid viel eher eintritt und viel weiter geht. Wasserfreies Aluminiumchlorid wird durch Überleiten von trocknem Chlor oder trocknem Chlorwasserstoffgase über erhitztes Aluminium dargestellt.

Die durch Filtration gereinigte Aluminiumchloridlösung werde zu folgenden Versuchen benutzt.

Natriumhydroxyd: Man gebe zu etwas Aluminiumchloridlösung einige Tropfen Natriumhydroxydlösung; es fällt Aluminiumoxydhydrat als gelatinösflockige Masse aus. Die Gegenwart hydroxylhaltiger organischer Stoffe, wie Weinsäure, Zucker, verhindert das Zustandekommen dieser Fällung (vgl. den Abschnitt über komplexe Salze und Doppelsalze Seite 72).

$$2\,AlCl_3 + 6\,NaOH = Al_2O_3 + 3\,H_2O + 6\,NaCl$$

Auf weiteren Zusatz von Natriumhydroxydlösung löst sich das Aluminiumoxydhydrat als Natriumaluminat $Al\begin{matrix}(OH)_2\\ONa\end{matrix}$ auf.

Aus dieser Lösung kann durch Kohlendioxyd Aluminiumoxydhydrat wieder ausgefällt werden. Ebenso fällt ein reichlicher Ammoniumchloridzusatz das Aluminiumoxydhydrat wieder aus; zu dieser Fällung ist so viel Ammoniumchlorid zu verwenden, daß seine Chlorionen zur Sättigung des vorhandenen Natriums ausreichen. Oder man verfährt so, daß man die Aluminatlösung durch Chlorwasserstoffsäure ansäuert, und dann das Aluminium mit der zur Ausfällung gerade nötigen Masse Ammoniak ausfällt. Das zweite Verfahren ist vorzuziehen.

Beim Erhitzen geht Aluminiumoxydhydrat in Aluminiumoxyd Al_2O_3 über. Geglühtes Aluminiumoxyd löst sich weder in Säuren noch in Laugen. Um es „aufzuschließen", schmelzt man es mit Kaliumhydrosulfat $KHSO_4$ zusammen, welches bei höherer Temperatur in Wasser und Kaliumpyrosulfat $K_2S_2O_7$ übergeht; letzteres zerlegt sich bei schwacher Glühhitze in Kaliumsulfat und Schwefelsäureanhydrid. Bei dieser hohen Temperatur wirkt nun das Schwefelsäureanhydrid lösend auf Aluminiumoxyd ein. Ebenso wie Aluminiumoxyd wird geglühtes Eisenoxyd Fe_2O_3 und geglühtes Chromoxyd Cr_2O_3 aufgeschlossen.

Die Aufschließungen mit Kaliumhydrosulfat werden zweckmäßig in der Weise ausgeführt, daß zunächst das Kaliumhydrosulfat im Tiegel geschmolzen und dadurch in Kaliumpyrosulfat übergeführt wird; dann läßt man die Schmelze erstarren und bringt den aufzuschließenden Stoff darauf. Nun wird wieder erhitzt, und bei langsam gesteigerter Temperatur die Umsetzung durchgeführt.

Die oben erhaltene Aluminiumoxydhydratfällung werde abfiltriert, etwas mit Wasser ausgewaschen und durch Aufstreichen auf eine mehrfache Schicht Filtrierpapier einigermaßen getrocknet. Dann werde sie am Platindrahte oder auf einem Stücke Holzkohle geglüht; der weiße Glührückstand werde mit etwas sehr verdünnter Kobaltosalzlösung befeuchtet und nochmals geglüht. Er ist jetzt blau gefärbt („Thénards Blau“).

Ammoniak: Zu einer Probe Aluminiumchloridlösung werde etwas Ammoniaklösung gesetzt: es fällt Aluminiumoxydhydrat aus, das sich in überschüssiger Ammoniaklösung nur in geringer Menge löst. Man gebe einige Tropfen Aluminiumchloridlösung in etwa 3 cm^3 verdünnte Ammoniaklösung, schüttle etwa eine Minute tüchtig und filtriere. Das klare Filtrat werde bis zum Verjagen des Ammoniaks — eventuell unter Zugabe von etwas Wasser — gekocht: es trübt sich durch Ausscheidung von Aluminiumoxydhydrat, das in kolloïdaler Form in Lösung gehalten war. Gegenwart von viel Ammoniumchlorid wirkt fällend auf die kolloïdale Lösung (vgl. Abschnitt: Kolloïdale Lösungen). Dies Verhalten des Aluminiums zu kennen, ist für die Ausführung quantitativer Bestimmungen nötig.

Natriumcarbonat: Eine Probe Aluminiumchloridlösung werde mit etwas Natriumcarbonatlösung versetzt; es fällt unter Kohlendioxydentwicklung Aluminiumoxydhydrat aus (Hydrolyse).

$$2\,AlCl_3 + 3\,Na_2CO_3 = Al_2O_3 + 3\,CO_2 + 6\,NaCl$$

Bariumcarbonat: Eine Probe Aluminiumchloridlösung werde mit überschüssigem Bariumcarbonatbrei geschüttelt. Dabei fällt alles Aluminium als Oxydhydrat aus (Hydrolyse). Man filtriere; aus dem Filtrate darf nach vorhergehendem Ansäuern mit einigen Tropfen Chlorwasserstoffsäure und Aufkochen nach Zugabe von Ammoniak kein Aluminiumoxydhydrat mehr fallen.

Natriumacetat: Man neutralisiere eine Probe Aluminiumchloridlösung annähernd mit Natriumcarbonatlösung; sollte dabei etwas Aluminiumoxydhydrat ausfallen, so bringe man es durch Zusatz von einigen Tropfen Chlorwasserstoffsäure wieder in Lösung. Dazu gebe man etwa den gleichen Raumteil Natriumacetatlösung, ferner noch etwas Wasser und erhitze die Mischung zum Kochen. Es fällt das Aluminium als Oxydhydrat oder als basisches Aluminiumacetat aus.

$$AlCl_3 + 3\,Na(C_2H_3O_2) = 3\,NaCl + Al(C_2H_3O_2)_3$$
$$2\,Al(C_2H_3O_2)_3 + 3\,H_2O = Al_2O_3 + 6\,H(C_2H_3O_2)$$

Wenn der Niederschlag **heiß** abfiltriert wird, bleibt alles Aluminium als Oxydhydrat oder als basisches Acetat auf dem Filter. Diese Zerlegung des Aluminiumacetats mit kochendem

Wasser ist ein Beispiel einer vollständig verlaufenden Hydrolyse. Läßt man die Mischung wieder abkühlen, so löst sich das Aluminiumoxydhydrat zum Teile wieder auf. In gleichem Sinne würde ein reichlicher Zusatz freier Essigsäure (wie er entsteht, wenn man Natriumacetat zu einer stark chlorwasserstoffsauren Lösung gibt) wirken: es würde nicht alles Aluminium ausfallen.

Die beiden letzten Fällungen („Bariumcarbonatmethode“ und „Natriumacetatmethode“) werden in der Analyse zur Trennung der dreiwertigen Metalle Aluminium, Eisen, Chrom von den zweiwertigen Metallen Zink und Mangan benutzt; letztere werden nicht gefällt.

Ammoniumsulfid: Eine Probe Aluminiumchloridlösung werde annähernd mit Ammoniak neutralisiert und mit Ammoniumsulfid versetzt; es fällt quantitativ Aluminiumoxydhydrat aus.

$$2\,AlCl_3 + 3(NH_4)_2S + 3\,H_2O = Al_2O_3 + 3\,H_2S + 6\,NH_4Cl$$

Metalloxydalkaliverbindungen.

Beim Zink und Aluminium ist die Erscheinung zutage getreten, daß sich die Hydroxyde dieser Metalle in Natriumhydroxydlösung, statt deren auch Kaliumhydroxydlösung verwandt werden kann, auflösen. Dabei bilden sich Verbindungen, in denen die Wasserstoffatome der basischen Hydroxylgruppen zum Teile durch Alkalimetall ersetzt sind, — also Verbindungen, in denen das schwach basische Hydroxyd dem stark basischen Alkali gegenüber die Rolle einer Säure spielt. Man bezeichnete diese Verbindungen als „Metalloxydalkaliverbindungen“, z. B. $Zn(OH)(ONa)$ Zinkoxydnatron; $Al(OH)_2(OK)$ Aluminiumoxydkali, eine Bezeichnung, der die Anschauung zugrunde lag, die Körper wären Additionsprodukte von Zinkoxyd ZnO + Natron $NaOH$ etc. Besser faßt man diese Stoffe als salzartige Substitutionsprodukte auf und bezeichnet sie durch die Endsilbe „at“, bzw. „it“, falls der at-Name schon für Derivate einer höheren Oxydationsstufe des Metalls vergeben ist; also

Natriumzinkat $Zn{OH \atop ONa}$	Natriumplumbit $Pb{OH \atop ONa}$
Natriumaluminat $Al{(OH)_2 \atop ONa}$	Natriumstannit $Sn{OH \atop ONa}$
Natriumchromit $Cr{(OH)_2 \atop ONa}$	Natriumstannat $O{:}Sn{ONa \atop ONa}$

Noch stärker ausgesprochen ist die Säurenatur des Hydroxyds in den Antimoniten und Antimonaten, den Arseniten und Arsenaten, den Chromaten, Molybdaten, Wolframaten, Uranaten etc., die seit alters her als Salze der entsprechenden Metallsäuren aufgefaßt werden.

Es ist leicht zu erkennen, daß hier ein ganz allmählicher Übergang von den starken Säuren über die schwachen Säuren, die als Säure und Base wirkenden Metallhydroxyde, die schwachen Basen zu den starken Basen besteht.

Ammoniumhydroxyd ist eine zu schwache Base, als daß es mit den genannten Metallen entsprechende Verbindungen einginge.

Den Metalloxydalkaliverbindungen steht eine Reihe von Verbindungen nahe, die ihrer Zusammensetzung nach durch Zusammenlagerung zweier Metalloxyde, meist des Oxyds eines zweiwertigen und eines dreiwertigen Metalls, entstanden sind; so der Chromeisenstein $Cr_2O_3 + FeO$, ferner das Kobaltoxyduloxyd $Co_2O_3 + CoO$ und die Mennige $PbO_2 + 2PbO$. Diese Verbindungen, zu denen die als Mineralien wichtigen Spinelle gehören, sind wohl folgendermaßen zu formulieren:

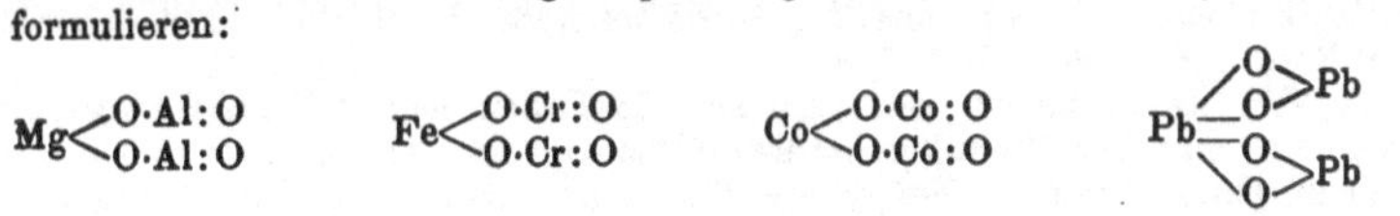

Spinell — Chromiferrit — Kobaltikobaltit — Plumboplumbat

Hydrolyse.

Schon wiederholt haben wir Beispiele einer wichtigen Spaltung von Salzen kennen gelernt, die unter chemischer Mitwirkung von Wasser erfolgt, und die deshalb „Hydrolyse" oder „hydrolytische Spaltung" genannt wird. Das Aluminium bietet besonders Gelegenheit zum Studium der Hydrolyse, weshalb ihr an dieser Stelle einige Worte gewidmet seien.

Unter Hydrolyse versteht man die Spaltung eines Salzes unter Aufnahme von Wasser in die freie Säure und die freie Base bzw. basisches Salz; sie wird vorzugsweise bei den Salzen der schwachen Säuren oder der schwachen Basen beobachtet; die Salze des als Base schwächeren Ferrioxydhydrats neigen mehr zur Hydrolyse als die des stärkeren Ferrohydroxyds. Die Hydrolyse ist der der Neutralisation von Säure und Base entgegengesetzte Vorgang.

Man löse etwas Kaliumcyanid in wenig Wasser auf. Die Lösung reagiert alkalisch und riecht nach Cyanwasserstoff; sie enthält also neben nicht veränderten Kaliumcyanidmolekeln und deren Ionen auch Kaliumhydroxyd und Cyanwasserstoffsäure:

$$KCN + H_2O = HCN + KOH$$

Die Hydrolyse erklärt sich unter Zugrundelegung dieses Beispiels im Sinne der Ionenlehre folgendermaßen: Kaliumcyanid ist als ein einwertige Ionen gebendes Neutralsalz elektrolytisch stark dissoziiert; seine Lösung enthält also viel Cyanionen CN'. Ein Teil des Wassers ist ebenfalls ionisiert, so daß, wenn auch in minimaler Konzentration, $H^{\cdot}$- und OH'-Ionen vorhanden sind. Ein Teil der Cyanionen vereinigt sich mit gleich viel Wasserstoffionen zu nicht dissoziiertem Cyanwasserstoff:

$$H^{\cdot} + CN' = HCN,$$

wodurch das Gleichgewicht zwischen Wasser und seinen Ionen gestört wird: es spalten sich weitere Molekeln Wasser, deren Wasserstoffionen sich wieder mit Cyanionen vereinigen; und so fort, bis die Konzentration der Hydroxylionen, die sich in der Lösung ansammeln, so sehr gewachsen ist, daß sie eine weitere Ionisierung des Wassers verhindert. Und damit findet das Fortschreiten der Hydrolyse ein Ende. In der Lösung sind jetzt außer Wasser enthalten:

$$KCN,\ K^{\cdot},\ CN',\ HCN,\ OH'$$

Wird Kaliumcyanid in kaliumhydroxydhaltigem Wasser gelöst, so entsteht eine Lösung, die nicht nach Cyanwasserstoff riecht, die also keine freie Cyanwasserstoffsäure enthält. Es ist also keine Hydrolyse eingetreten; und zwar, weil die Hydroxylionen des Kaliumhydroxyds von vornherein eine merkliche Dissoziation des Wassers, also ein Auftreten von Wasserstoffionen, verhindert haben.

Aus dem gleichen Grunde wie Kaliumcyanid sind in wäßriger Lösung hydrolysiert: die Carbonate, Silikate, Tetraborate, Sulfide, überhaupt die Salze sehr schwacher Säuren mit den Alkalimetallen; ihre Lösungen reagieren alkalisch. Dagegen erklärt sich die saure Reaktion der Lösungen von Cuprisulfat, Zinksulfat, Aluminiumsulfat, Ferrichlorid etc. durch eine auf der Schwäche der Base beruhenden Hydrolyse.

Viel weiter als in den besprochenen Fällen schreitet die Hydrolyse vor, wenn das eine der Produkte der Hydrolyse aus der Lösung entfernt wird, etwa weil es gasförmig wird oder schwer löslich ist. Aus einer Aluminiumsalzlösung fällt auf Natriumcarbonatzusatz nicht Aluminiumcarbonat, sondern unter Hydrolyse Aluminiumoxydhydrat, und zwar quantitativ aus, weil das andere Produkt der Hydrolyse, nämlich die Kohlensäure, als Kohlendioxyd entweicht. Beim Lösen von Wismutchlorid in Wasser bildet sich freie Chlorwasserstoffsäure; und basisches Wismutchlorid scheidet sich als flockiger Niederschlag, und zwar bei reichlichem Wasserzusatze quantitativ, aus.

$$BiCl_3 + 2\,H_2O = Bi{}^{(OH)_2}_{Cl} + 2\,HCl$$

Besonders leicht hydrolysieren Salze, die bei der Hydrolyse schwache Säuren und schwache Basen liefern, z. B. Aluminiumacetat; der Grund hierfür liegt darin, daß bei der Hydrolyse wenig Wasserstoff- und Hydroxylionen entstehen, das Fortschreiten der Hydrolyse also die elektrolytische Dissoziation des Wassers kaum beeinflußt. Recht lehrreich hierfür ist ein Vergleich der Aluminiumsalze der starken Chlorwasserstoffsäure, der mäßig starken Essigsäure und der schwachen Kohlensäure. Das Aluminiumchlorid ist nur mäßig hydrolysiert: die Lösung ist klar und reagiert sauer. Das Aluminiumacetat ist stark hydrolysiert; seine Hydrolyse ist bei Siedehitze quantitativ. Das Aluminiumcarbonat (und ebenso das Aluminiumsulfid) neigen so stark zur Hydrolyse, daß sie in Gegenwart von Wasser weder in der Kälte noch in der Hitze beständig sind. Mit abnehmender Stärke der Säure steigt also die Tendenz zur Hydrolyse.

Auch die Salze starker Säuren mit starken Basen sind in wäßriger Lösung, allerdings nur minimal, hydrolysiert.

Die Hydrolyse vieler Salze wird für den Augenschein dadurch verdeckt, daß die Metallhydroxyde gelöst bleiben. Dies eigentümliche Verhalten wird später in dem Abschnitte über kolloïdale Lösungen behandelt werden.

Auch die Metalloxydalkaliverbindungen sind weitgehend hydrolysiert, da sie die Salze schwacher Säuren sind. Alle Metalloxydalkaliverbindungen sind deshalb in wäßriger Lösung nur neben einem reichlichen Überschusse von Alkalimetallhydroxyd beständig. Am weitesten geht die Hydrolyse bei den Zinkaten, die fast völlig in Alkalimetallhydroxyd und Zinkhydroxyd, welch letzteres kolloïdal gelöst bleibt, gespalten sind. Weniger stark sind Beryllate, Plumbite, Stannite hydrolysiert; und zwar der Reihenfolge nach abnehmend stark; erst die beiden letzteren sind ausgesprochene Salze einer Plumbosäure und einer Stannosäure.

Hydrolyse kann außer bei den eigentlichen Salzen auch bei salzähnlichen Verbindungen eintreten, z. B. bei Chromsäurechlorid, Siliciumtetrafluorid.

Eisen.

Das Eisen ist ein grauweißes Metall. Technisch unterscheidet man kohlenstoffreiches Eisen (2.3 bis 5 % C): Roheisen; und kohlenstoffarmes Eisen (weniger als 1.6 % C): schmiedbares Eisen (Stahl und Schmiedeeisen). Roheisen schmilzt bei 1000 bis 1100°; schmiedbares Eisen — je nach seinem Kohlenstoffgehalte — höher, und zwar steigt der Schmelzpunkt bei kohlenstoffärmstem Eisen bis zu 1555°.

An trockner Luft hält sich Eisen beliebig lange; in Gegenwart von Feuchtigkeit und Luft wird es allmählich zu Ferrioxyd (Fe_2O_3; Rost) oxydiert. Beim Glühen und durch geeignete Behandlung (Brünieren z. B. bei Gewehrläufen) überzieht es sich mit einer dichten, glatten, schwarzen Schicht von Oxyden, die es vor weiterer Oxydation schützt.

Eisen ist das erste uns entgegentretende Metall, das in zwei Wertigkeitsstufen auftritt. Das zweiwertige Eisen ist als ein völlig anderer Stoff aufzufassen als das dreiwertige Eisen; nur können beide leicht in einander übergeführt werden. Im chemischen Verhalten steht das zweiwertige Eisen und die sich von ihm ableitenden Ferrosalze dem Magnesium und seinen Salzen nahe, das dreiwertige Eisen dagegen dem Aluminium. Die Formeln der wichtigsten Eisensalze sind in der Einleitung dieses Abschnittes gegeben.

Etwas Eisensalz färbt die Phosphorsalzperle in der Oxydationsflamme gelb; beim Abkühlen blaßt die Farbe ab oder verschwindet, falls nur wenig Eisensalz genommen war, ganz.

Etwa 1 g Eisenspäne werden in nicht zuviel verdünnter Chlorwasserstoffsäure, der etwas konzentrierte Chlorwasserstoffsäure zugesetzt ist, gelöst. Es entweicht Wasserstoffgas, das durch eine kleine Beimengung unangenehm riechender, anderer Gase verunreinigt ist; im Kölbchen bleibt eine grüne Lösung von Ferrochlorid $FeCl_2$, die durch Filtrieren von ungelösten Partikelchen befreit wird. Ein Drittel werde zu den folgenden Versuchen benutzt, die zwei anderen werden einstweilen aufgehoben.

$$Fe + 2HCl = 2H + FeCl_2$$

Natriumhydroxyd: fällt grünlichweißes, flockiges Ferrohydroxyd; dieser Niederschlag wird beim Umschütteln dunkelgrün, dann grau und schließlich von oben her rotbraun: er oxydiert sich unter Mitwirken der Luft zu Ferrioxydhydrat. Ganz reines Ferrohydroxyd sieht weiß aus.

$$FeCl_2 + 2NaOH = Fe(OH)_2 + 2NaCl$$
$$2Fe(OH)_2 + O = Fe_2O_3 + 2H_2O$$

Ammoniak: fällt ebenfalls Ferrohydroxyd, falls die Lösung nicht zuviel überschüssige Säure enthält. Die Fällung ist aus dem beim Magnesium angegebenen Grunde auf keinen Fall vollständig. In Gegenwart von Ammoniumsalzen starker Säuren unterbleibt sie gänzlich (vgl. Seite 51—52).

Natriumsuperoxyd: Setzt man zu einer Ferrosalzlösung Ammoniumchlorid und Ammoniak und dann eine frisch und ohne Erwärmung bereitete Lösung von Natriumsuperoxyd, so fällt sofort ein dichter, flockiger Niederschlag von rotbraunem Ferrioxydhydrat aus.

Natriumcarbonat: fällt weißes Ferrocarbonat, das sich unter dem Einflusse des Luftsauerstoffs bald zu oxydieren beginnt und schließlich in Ferrioxydhydrat übergeht.

$$FeCl_2 + Na_2CO_3 = FeCO_3 + 2NaCl$$

Schwefelwasserstoff: fällt nichts.

Ammoniumsulfid: fällt schwarzes Ferrosulfid FeS, während die Lösung eine grüne Farbe annimmt. Dies rührt davon her, daß ein Teil des Ferrosulfids zunächst in „kolloïdaler Form" in der Lösung gelöst bleibt. Beim Filtrieren erhält man ein klares, grünes Filtrat; läßt man es stehen, so fällt nach einiger Zeit noch der Rest Ferrosulfid in schwarzen Flocken aus. Auch beim Auswaschen des abfiltrierten Ferrosulfidniederschlages mit destilliertem Wasser geht Ferrosulfid leicht in kolloïdaler Form in Lösung, „es läuft durchs Filter"; läßt man dies Waschwasser zu dem ersten Filtrate fließen, so scheidet sich aus der Flüssigkeit bald wieder flockiges Ferrosulfid aus, dessen Ausfallen durch die im ersten Filtrate enthaltenen Salze befördert wird.

$$FeCl_2 + (NH_4)_2S = FeS + 2\,NH_4Cl$$

Natriumphosphat: Zu einer Probe Ferrochloridlösung setze man reichlich Ammoniumchlorid- und Ammoniaklösung und füge Natriumphosphatlösung hinzu; es fällt Ferroammoniumphosphat aus.

$$FeCl_2 + Na_2HPO_4 + NH_3 = Fe(NH_4)PO_4 + 2\,NaCl$$

Das zweite Drittel Ferrochloridlösung koche man nach Zusatz von etwas konzentrierter Salpetersäure so lange, bis eine Probe mit Ammoniaklösung einen rein rotbraunen Niederschlag gibt. Wenn dieser Punkt erreicht ist, verwende man die Lösung zu den folgenden Umsetzungen der Ferrisalze.

$$2\,FeCl_2 + 2\,HCl + O = H_2O + 2\,FeCl_3$$

Natriumhydroxyd oder Ammoniak: fällen flockiges, braunrotes Ferrioxydhydrat; die Fällung ist quantitativ und charakteristisch.

$$2\,FeCl_3 + 6\,NaOH = Fe_2O_3 + 6\,NaCl + 3\,H_2O$$

Natriumcarbonat: es entsteht beim Aufkochen ein Niederschlag von Ferrioxydhydrat.

$$2\,FeCl_3 + 3\,Na_2CO_3 = Fe_2O_3 + 3\,CO_2 + 6\,NaCl$$

Bariumcarbonat: fällt aus Ferrilösungen das Eisen als Ferrioxydhydrat.

In gleicher Weise wie Bariumcarbonat wirken die Oxyde, Hydroxyde und Carbonate der meisten zweiwertigen Metalle. Man benutzt dies Verhalten, um aus Zink-, Mangano-, Calciumsalzlösungen Eisenspuren zu fällen, ohne fremde Stoffe in die Lösung zu bringen. Wenn das Eisen nicht in der Ferriform vorliegt, oxydiert man es durch Einleiten von Chlor, oder durch Brom oder durch Wasserstoffsuperoxyd, und setzt dann einen Posten des entsprechenden Oxyds, Hydroxyds oder Carbonats hinzu, worauf man öfters umschüttelt und

warm stehen läßt. Nach mehreren Stunden, oder einigen Tagen ist alles gelöste Eisen ausgefallen und kann mit dem Überschusse des Fällungsmittels durch Filtrieren entfernt werden.

Natriumacetat: färbt die mit Natriumcarbonatlösung annähernd neutralisierte Ferrichloridlösung dunkelrot, indem sich wesentlich Ferriacetat bildet. Beim Kochen der verdünnten Lösung zerfällt das Ferriacetat unter Hydrolyse in Essigsäure und Ferrioxydhydrat oder basisches Ferriacetat. Wird heiß filtriert, so ist die Fällung vollständig. Ist Phosphorsäure zugegen, so fällt sie, bei dieser Umsetzung an Eisen zu Ferriphosphat gebunden, völlig mit aus.

$$\underset{\text{Ferriacetat}}{Fe(C_2H_3O_2)_3} + Na_2HPO_4 = \underset{\text{Ferriphosphat}}{FePO_4} + \underset{\text{Essigsäure}}{H(C_2H_3O_2)} + \underset{\text{Natriumacetat}}{2\,Na(C_2H_3O_2)}$$

Nicht nur das Ferriacetat, sondern auch die anderen Ferrisalze zeigen eine — je nach der Natur der Säure stärkere oder schwächere — hydrolytische Spaltung, namentlich in verdünnten Lösungen, wobei das entstehende Ferrioxydhydrat kolloïdal gelöst bleibt. Aus stark verdünnter Ferrichloridlösung kann man durch Dialyse die entstandene Chlorwasserstoffsäure entfernen und so eine reine Lösung von kolloïdalem Ferrioxydhydrat darstellen (vgl. den Abschnitt „kolloïdale Lösungen").

Schwefelwasserstoff: macht unter Reduktion des Ferrisalzes zu Ferrosalz weißen Schwefel frei, der in der Lösung zunächst schwebend bleibt, ohne auszufallen.

$$2\,FeCl_3 + H_2S = S + 2\,HCl + 2\,FeCl_2$$

Ammoniumsulfid: erzeugt einen schwarzen Niederschlag von Ferrosulfid und Schwefel

$$2\,FeCl_3 + 3(NH_4)_2S = 2\,FeS + S + 6\,NH_4Cl$$

Aus neutraler Ferrisalzlösung fällt Ferrisulfid Fe_2S_3; es löst sich in verdünnter Chlorwasserstoffsäure zu Ferrochlorid, wobei Schwefelwasserstoff entweicht, und Schwefel sich abscheidet.

Kaliumthiocyanat (Kaliumrhodanid KCNS): färbt die saure Ferrisalzlösung intensiv dunkelrot, wobei sich Ferrithiocyanat bildet.

$$FeCl_3 + 3\,KCNS = Fe(CNS)_3 + 3\,KCl$$

Dies ist die empfindlichste Probe auf Ferriverbindungen, und zugleich eine der empfindlichsten Reaktionen, die die Chemie überhaupt kennt.

Man gebe einen Tropfen Ferrisalzlösung in ein Becherglas voll angesäuerten Wassers, gieße den Inhalt fast ganz aus, fülle wieder mit Wasser auf und setze Kaliumthiocyanatlösung hinzu. Es tritt in dieser enormen Verdünnung noch deutlich Rotfärbung auf.

Ferrosalzlösungen zeigen diese Reaktion gewöhnlich auch, weil sie stets Spuren Ferrisalz enthalten. Man löse etwas Eisenvitriol (krystallisiertes Ferrosulfat) in viel Wasser auf und prüfe einige Tropfen der Lösung mit Kaliumthiocyanat. Den Rest säuere man mit Schwefelsäure schwach an und gebe etwas Eisenpulver hinzu, wodurch ein Reduktionsprozeß in Gang gesetzt wird. Nach einigen Minuten gieße man einige Tropfen der Lösung ab und versuche mit Kaliumthiocyanat; die Lösung wird jetzt farblos bleiben oder sich nur noch ganz schwach färben. Nach noch weiterem Warten wird eine dritte Probe keine Färbung mehr zeigen. Zur Feststellung, ob ein Eisensalz der Ferro- oder Ferrireihe angehört, ist die Kaliumthiocyanatprobe nicht empfehlenswert, da sie zu empfindlich ist.

Eisencyanverbindungen.

Einen Teil des letzten Drittels von der Ferrosalzlösung versetze man mit wenig Kaliumcyanidlösung: es fällt rotbraunes Ferrocyanid $Fe(CN)_2$ flockig aus. Ein nicht zu geringer Überschuß von Kaliumcyanid löst den Niederschlag, eventuell bei schwachem Erwärmen, zu einer hellgelben Lösung, die zur Reinigung filtriert werde.

$$FeCl_2 + 2\,KCN = Fe(CN)_2 + 2\,KCl$$
$$Fe(CN)_2 + 4\,KCN = K_4[Fe(CN)_6]$$

Die Lösung enthält jetzt das Kaliumsalz einer neuen Säure, der Ferrocyanwasserstoffsäure $H_4[Fe(CN)_6]$ („Kaliumferrocyanid", „gelbes Blutlaugensalz").

Zu einer Probe dieser Kaliumferrocyanidlösung gebe man etwas Natriumhydroxydlösung; es entsteht kein Niederschlag von Ferrohydroxyd; man füge weiter zu derselben Probe etwas Ammoniumsulfid; auch jetzt fällt kein Ferrosulfid aus.

Eine zweite Probe säuere man mit verdünnter Chlorwasserstoffsäure an und gebe einen Tropfen reiner (ferrisalzfreier) Ferrosalzlösung, etwa von frisch bereiteter Ferrosulfatlösung, hinzu. Es entsteht ein hell bläulichweißer Niederschlag, vielleicht — aber nicht sicher — das Ferrosalz der Ferrocyanwasserstoffsäure.

$$K_4[Fe(CN)_6] + 2\,FeSO_4 = Fe_2[Fe(CN)_6] + 2\,K_2SO_4$$

Beim Stehenlassen, schneller beim Durchschütteln der Masse mit Luft wird der Niederschlag tiefblau; er oxydiert sich dabei zum Ferrisalze der Ferrocyanwasserstoffsäure.

Eine dritte Probe säuere man ebenfalls an und setze einen Tropfen Ferrichloridlösung hinzu; es fällt tiefblaues Ferrisalz der Ferrocyanwasserstoffsäure aus. Der Niederschlag findet unter dem

Namen „Berlinerblau" Verwendung als Farbstoff. Wichtige Erkennungsprobe.

$$3\,K_4[Fe(CN)_6] + 4\,FeCl_3 = Fe_4[Fe(CN)_6]_3 + 12\,KCl$$

Wie diese letzten zwei Versuche zeigen, kann Kaliumferrocyanid als Reagens zur Entscheidung der Frage benutzt werden, ob ein gegebenes Eisensalz der Ferri- oder der Ferroreihe angehört. Handelt es sich um den Nachweis sehr geringer Mengen von Ferriionen, so ist die Kaliumferrosalzlösung unmittelbar vor der Verwendung herzustellen, da eine ältere Kaliumferrosalzlösung stets, wenn auch nur spurenweise, zersetzt ist und sich deshalb beim Ansäuern durch Bildung sehr geringer Mengen Berlinerblau grünlich färbt und bei längerem Stehen einige Flöckchen Berlinerblau absetzt. Man überzeuge sich davon durch einen Versuch mit der stark zu verdünnenden Lösung des Laboratoriums.

Etwas Kaliumferrocyanidlösung des Laboratoriums werde mit dem gleichen bis doppelten Raumteile konzentrierter Chlorwasserstoffsäure versetzt; es fällt freie Ferrocyanwasserstoffsäure als weißer Niederschlag. Ferrocyanwasserstoffsäure ist die beständigste komplexe Metallcyanwasserstoffsäure; die meisten anderen zerfallen bei der gleichen Umsetzung in Metallcyanid und Cyanwasserstoffsäure.

Etwas Kaliumferrocyanidlösung aus der Standflasche des Laboratoriums werde mit etwa dem doppelten Raumteile Bromwasser versetzt und aufgekocht, bis der Überschuß des Broms weggekocht ist, und nur farblose Wasserdämpfe aus dem Probierglase aufsteigen. Die bräunliche Lösung enthält jetzt neben Kaliumbromid das Kaliumsalz der Ferricyanwasserstoffsäure $K_3[Fe(CN)_6]$, („Kaliumferricyanid", „rotes Blutlaugensalz").

$$K_4[Fe(CN)_6] + Br = K_3[Fe(CN)_6] + KBr$$

Mit dieser Lösung werden dieselben Versuche wie beim Kaliumferrocyanid angestellt. Man erhält mit Natriumhydroxydlösung und Ammoniumsulfid keine Fällung. Auch Ferrichlorid gibt keine Fällung, sondern nur Dunkelfärbung der Lösung; dagegen erhält man mit einem Ferrosalze einen tiefblauen Niederschlag von Berlinerblau. Wichtige Erkennungsprobe. Die auffällige Bildung von Berlinerblau erklärt sich daraus, daß das Kaliumferricyanid das Ferrosalz zunächst zu Ferrisalz oxydiert, wobei es selbst in Kaliumferrocyanid übergeht; und gleichzeitig setzen sich Ferrisalz und Kaliumferrocyanid unter Abscheidung von Berlinerblau um.

Ein erbsengroßes Stück festes Kaliumferrocyanid werde mit 1 bis 2 cm^3 verdünnter Schwefelsäure im Probierglase bis zum Kochen der

Mischung erhitzt. Es entweicht Cyanwasserstoff (Blausäure) als Gas, das an seinem Geruche leicht zu erkennen ist; man stelle die Geruchsprobe vorsichtig an, da Cyanwasserstoff außerordentlich giftig ist.

$$2K_4[Fe(CN)_6] + 6H_2SO_4 = K_2Fe[Fe(CN)_6] + 6KHSO_4 + 6HCN$$

Ein bohnengroßes Stück Kaliumferrocyanid werde im Probierglase mit 2 cm^3 konzentrierter Schwefelsäure erhitzt, bis Aufschäumen beginnt. Die von der Flamme entfernte Masse kocht lebhaft weiter, wobei ein farbloses Gas entweicht, das angezündet mit mattblauer Flamme brennt: Kohlenoxyd. Der Umsetzungsverlauf ist kompliziert und entspricht etwa folgender Gleichung:

$$K_4[Fe(CN)_6] + 6H_2SO_4 + 6H_2O = 6CO + FeSO_4 + 2K_2SO_4 + 3(NH_4)_2SO_4$$

Doppelsalze und komplexe Stoffe.

Aus Gemischen mancher Salzlösungen krystallisieren Mischsalze von konstanter Zusammensetzung aus, die durch Zusammenlagerung einer bestimmten Zahl Molekeln des einen Salzes mit einer bestimmten Zahl Molekeln des anderen Salzes entstanden sind; meist vereinigen sich zwei Molekeln, von jedem Salze je eine; oft tritt außerdem Krystallwasser hinzu. Als Beispiele seien angeführt: Kaliumalaun $K_2SO_4 + Al_2(SO_4)_3 + 24H_2O$; Ferroammoniumsulfat $(NH_4)_2SO_4 + FeSO_4 + 6H_2O$; Karnallit $KCl + MgCl_2 + 6H_2O$. Solche Mischsalze, die im festen Zustande zweifellos einheitlich sind, werden „Doppelsalze" genannt.

Beim Auflösen der Doppelsalze in Wasser tritt Spaltung ein; die getrennten, einfachen Salze erleiden ihrerseits je nach ihrem Charakter eine mehr oder weniger weitgehende elektrolytische Dissoziation. Infolgedessen zeigen die Lösungen der Doppelsalze alle Umsetzungen, die für die Lösungen der getrennten Salze charakteristisch sind.

Man teile etwas Kaliumalaunlösung ($K_2SO_4 + Al_2(SO_4)_3 + 24H_2O$) in drei Teile. Die eine Probe versetze man mit etwas Ammoniaklösung, die zweite mit Chlorwasserstoffsäure und Bariumchloridlösung, die dritte mit Chlorwasserstoffsäure und etwas Platinchlorwasserstofflösung; es fällt Aluminiumoxydhydrat, Bariumsulfat, Kaliumplatinchlorid aus.

Von den Doppelsalzen ist eine zweite Reihe von Mischprodukten wohl zu unterscheiden, die man unter dem Namen „komplexe Stoffe" zusammenfaßt. Die komplexen Stoffe entstehen ebenso wie die Doppelsalze beim Mischen der Komponenten, sie spalten sich aber beim Auflösen nicht wieder in diese, stellen vielmehr ein neues Ganzes dar, das seinerseits neue Ionen bildet. Infolgedessen geben komplexe Verbindungen vielfach nicht die Umsetzungen wie die ursprünglichen Verbindungen; sie verhalten sich analytisch als etwas Neues. Es ist klar, daß ihre Kenntnis für den unorganischen Chemiker, speziell für den Analytiker außerordentlich wichtig ist.

Kaliumferrocyanid und Kaliumferricyanid sind komplexe Salze. Sie gehören nicht in die Klasse der Doppelsalze, weil sie weder Eisen- noch Cyanwasserstoffreaktionen zeigen (mit Natriumhydroxyd fällt kein Ferrohydroxyd oder Ferrioxydhydrat, mit Ammoniumsulfid kein Ferrosulfid; auch ist die Lösung nicht giftig, wie dies die wahren Cyanidlösungen sind); vielmehr zeigen beide

Verbindungen ganz neue, eigentümliche Umsetzungen, wie die Berlinerblaubildung. Der Grund für diese Reaktionsverhältnisse ist, wie namentlich die elektrischen Untersuchungen gezeigt haben, der, daß in den Lösungen dieser Salze überhaupt keine Eisenionen mehr enthalten sind. Vielmehr ist das Kaliumferrocyanid in verdünnter wäßriger Lösung in 4 Kaliumionen und das Ion der Ferrocyanwasserstoffsäure $[Fe(CN)_6]''''$ zerfallen; daneben sind, namentlich in konzentrierten Lösungen die Produkte einer weniger weitgehenden Ionisation enthalten: $K[Fe(CN)_6]'''$, $K_2[Fe(CN)_6]''$, $K_3[Fe(CN)_6]'$. Das Kaliumferricyanid ist in wäßriger Lösung elektrolytisch in drei Kaliumionen und das Ion der Ferricyanwasserstoffsäure $[Fe(CN)_6]'''$ gespalten, neben denen auch Produkte einer weniger weitgehenden Ionisation vorkommen: $K[Fe(CN)_6]''$, $K_2[Fe(CN)_6]'$. Die in ihrer chemischen Zusammensetzung gleichen Ionen der Ferrocyanwasserstoffsäure $[Fe(CN)_6]''''$ und der Ferricyanwasserstoffsäure $[Fe(CN)_6]'''$ unterscheiden sich voneinander also nur durch die Zahl ihrer elektrischen Ladungen. Durch Zusatz von Säure zu Kaliumferrocyanidlösung kann man die komplexe Ferrocyanwasserstoffsäure in fester Form gewinnen; durch Zusatz von Säure zu einer Kaliumferricyanidlösung kann die — unbeständige — Ferricyanwasserstoffsäure in Freiheit gesetzt werden. Die Ionen $[Fe(CN)_6]$ sind ihrerseits außerordentlich fest und innig in sich gebunden; es läßt sich bei ihnen auf keinem Wege eine elektrolytische Dissoziation nachweisen, bei der Eisen- oder Cyanionen frei würden, woraus sich das Ausbleiben sämtlicher Eisen- und Cyanreaktionen erklärt.

Eine ähnliche komplexe Verbindung entsteht beim Versetzen von Silbernitratlösung mit Kaliumcyanid. Es bildet sich die Lösung des komplexen Salzes $K[Ag(CN)_2]$, das sich als Kaliumsalz der Silbercyanwasserstoffsäure $H[Ag(CN)_2]$ erwiesen hat. Die Lösung des Kaliumsilbercyanids gibt noch Kaliumreaktionen; aber auf Zusatz von Kaliumchlorid fällt kein Silberchlorid aus; ebensowenig fällt auf Zusatz von Natriumhydroxydlösung Silberhydroxyd. Durch diese Reaktionen ist der Silbercyanwasserstoffrest als komplex erwiesen. In einem Punkte weicht aber das Kaliumsilbercyanid von den Kaliumeisencyaniden ab, nämlich in seinem Verhalten gegenüber Ammoniumsulfid: Ammoniumsulfid fällt nämlich aus einer Kaliumsilbercyanidlösung das Silber als Silbersulfid Ag_2S aus. Der Grund dafür liegt darin, daß in einer Kaliumsilbercyanidlösung außer den Ionen $K^{\cdot}$ und $[Ag(CN)_2]'$ auch einige wenige Ionen $Ag^{\cdot}$ und CN' enthalten sind, die durch eine sekundäre elektrolytische Dissoziation der Ionen $[Ag(CN)_2]'$ sich gebildet haben. Diese minimale Menge Silberion reicht nicht aus, mit Hydroxylionen oder Chlorionen das Löslichkeitsprodukt des Silberhydroxyds oder Silberchlorids zu erreichen, weshalb keine Niederschläge erfolgen. Wohl aber wird von ihr mit den Schwefelionen des Ammoniumsulfids das Löslichkeitsprodukt des Silbersulfids überschritten; es entsteht also ein Niederschlag von Silbersulfid. Dieser ist natürlich zunächst minimal gering; er nimmt aber zu, weil nach Ausfällung der zuerst vorhandenen wenigen Silberionen weitere Mengen des Ions $[Ag(CN)_2]'$ zerfallen, und dadurch neue Silberionen nachgeliefert werden. Auch diese fallen als Silbersulfid aus, und so fort, bis — eine genügende Menge Ammoniumsulfid vorausgesetzt — alles Silber als Silbersulfid aus der Lösung ausgeschieden ist.

Die freie Silbercyanwasserstoffsäure ist nicht beständig: versucht man sie durch Zusatz einer Säure zu Kaliumsilbercyanidlösung darzustellen, so zerfällt sie in Silbercyanid und Cyanwasserstoff.

Komplexe Ionen von so geringer sekundärer Ionisation, als sie die Eisencyanwasserstoffsäureionen zeigen, sind selten („ideale Komplexionen"). Meist ist die sekundäre Dissoziation derjenigen der Silbercyanwasserstoffionen entsprechend, das heißt, die komplexen Verbindungen lassen nur einige Umsetzungen ihrer Einzelbestandteile und nicht alle Umsetzungen aus: Fällungen mit Natriumhydroxyd bleiben gewöhnlich aus, aber Fällungen mit Ammoniumsulfid treten ein. Man mache sich während der Bearbeitung dieses Buches Tabellen der komplexen Verbindungen und vermerke, ob mit Ammoniumsulfid Fällung erfolgt.

Zu den komplexen Salzen gehört ferner das Kaliumplatinchlorid, das sich als Kaliumsalz der komplexen Platinchlorwasserstoffsäure erwiesen hat.

Eine besondere Gruppe von komplexen Salzen bilden die aus verschiedenen einfachen Salzen durch Aufnahme von Ammoniak NH_3 entstehenden Verbindungen. Hierbei lagert sich Ammoniak an das Metall des einfachen Salzes an und bildet mit ihm ein wie ein Metall wirkendes Metallammonikion.

So löst sich Silberchlorid in Ammoniaklösung auf; der Vorgang ist der, daß sich aus Silberion $Ag^{\cdot}$ und Ammoniak NH_3 ein neues einwertiges komplexes Ion $[Ag(NH_3)_2]^{\cdot}$ bildet, dessen Chlorid wasserlöslich ist. Entsprechende Verbindungen haben wir beim Zink und Cadmium kennen gelernt z. B. $[Cd(NH_3)_4]SO_4$ (vgl. Seite 59). Zuweilen macht sich die Bildung solcher komplexen Metallammoniakionen durch Farbänderungen bemerkbar; z. B. bei Cuprisalzen, deren hellblaue Farbe auf Zusatz von Ammoniak in tief dunkelblau umschlägt: die hellblauen Cupriionen werden durch die dunkelblauen Cupriammoniakionen $[Cu(NH_3)_4]^{\cdot\cdot}$ ersetzt. Nach Werner ist das Ammoniumion $NH_4^{\cdot}$ als komplexes Ion aufzufassen, das durch Anlagerung von Ammoniak an Wasserstoffion entstanden ist $[HNH_3]^{\cdot}$.

Namentlich eingehend sind die komplexen Salze, die sich vom dreiwertigen Kobalt ableiten, untersucht worden; sie stellen eine außerordentlich große Reihe von sehr beständigen Verbindungen dar.

Außer Ammoniak kann auch Wasser komplex angelagert werden. Es ist sehr wahrscheinlich, daß fast alle Ionen Wasser angelagert enthalten, doch weiß man über die Masse des angelagerten Wassers nichts Sicheres.

Für die analytische Chemie sind ferner eine Anzahl komplexer Verbindungen einiger Metalle mit organischen, hydroxylhaltigen Stoffen, wie Weinsäure, Zucker, Glycerin von Bedeutung, z. B. $[C_3H_5O_3Cu]Na$ Natriumcupriglycerat; $[C_4H_4O_6Cu_2]Na_2$ Natriumsalz der Cupriweinsäure. In diesen Verbindungen sind wahrscheinlich Wasserstoffatome der alkoholischen Hydroxylgruppen durch Metall so ersetzt, daß in der Lösung das Metall nicht mehr oder nur in geringer Menge als Ion vorkommt, also nicht durch alle üblichen Reaktionen nachgewiesen werden kann. Namentlich gelingt es nicht, das Metall durch Natriumhydroxydlösung auszufällen.

COOH	COONa	COONa
CH.OH	CH.OH	CH.O.CuOH
CH.OH	CH.OH	CH.O.CuOH
COOH	COONa	COONa
Weinsäure	Weinsaures Natrium	Cupriweinsaures Natrium

Derartige oder ähnliche Verbindungen bildet die Weinsäure mit Blei, Kupfer, Cadmium, Antimon, Eisen, Aluminium.

Liegen Substanzen zur Analyse vor, die hydroxylhaltige, organische Stoffe enthalten, so muß man letztere vor Beginn der Analyse erst in geeigneter Weise zerstören. So verfährt man, wenn in Speisen etc. Metallgifte nachgewiesen werden sollen.

Komplexe Salze und Doppelsalze zeigen Übergänge. Diese beruhen auf der Größe der sekundären Dissoziation, die die Komplexionen erfahren. Bei den typischen Komplexsalzen ist die sekundäre Dissoziation minimal klein, bei den typischen Doppelsalzen fast vollständig. Es hat sich aber zeigen lassen, daß auch die Lösungen von Doppelsalzen vielfach komplexe Ionen in geringer Konzentration enthalten; diese machen sich analytisch meist nicht bemerkbar; ihr Vorhandensein kann aber aus der Löslichkeit des Doppelsalzes gegenüber der Löslichkeit der Einzelsalze und auch sonst aus dem physikalischen Verhalten geschlossen werden.

Der größeren Deutlichkeit halber ist in diesem Buche der komplexe Anteil der Salze stets in eine eckige Klammer geschlossen, also $K_4[Fe(CN)_6]$, $[Cu(NH_3)_4]SO_4$.

Kobalt.

Grausilberweißes, schwer schmelzbares (etwa 1490°) Metall, das sich in verdünnter Chlorwasserstoff- oder Schwefelsäure langsam, schnell in Salpetersäure löst. Dabei entstehen Salze des zweiwertigen Kobalts: Kobalto- oder Kobaltoxydulsalze. Diese sind in krystallisiertem Zustande, ebenso wie ihre Lösungen rot; wasserfrei sehen sie häufig blau aus. Bei energischer Oxydation gehen sie in Verbindungen des dreiwertigen Kobalts über. Vom Kobalt, namentlich vom dreiwertigen, leiten sich zahlreiche komplexe Verbindungen mit Cyanwasserstoff, salpetriger Säure, Wasser und Ammoniak ab. Im chemischen Verhalten stehen die Kobaltosalze denen des zweiwertigen Nickels außerordentlich nahe.

Eine Probe eines Kobaltsalzes färbt die Phosphorsalzperle tiefblau. In den Glasfabriken wird geschmolzenes Fensterglas durch Kobaltoverbindungen tiefblau gefärbt.

Natriumhydroxyd: Eine Probe Kobaltosalzlösung werde mit etwas Natriumhydroxydlösung versetzt; es fällt blaues, basisches Salz aus, das beim Erwärmen der Mischung mit einer zweiten Molekel Natriumhydroxyd in schön rosenrotes Kobaltohydroxyd übergeht.

$$Co(NO_3)_2 + NaOH = Co(OH)NO_3 + NaNO_3$$
$$Co(OH)NO_3 + NaOH = Co(OH)_2 + NaNO_3$$

Nach einigem Stehen wird der Kobaltohydroxydniederschlag mißfarben, indem er unter Oxydation teilweise in Kobaltioxydhydrat Co_2O_3 übergeht. Schneller erfolgt diese Oxydation auf Zusatz von Bromwasser.

Ammoniak: Wenig Ammoniaklösung zu einer neutralen Kobaltosalzlösung gesetzt, fällt ebenfalls blaues, basisches Salz; schon ein geringer Überschuß löst den Niederschlag zu einer gelblichbraunen, später unter Oxydation durch den Luftsauerstoff rötlich werdenden Lösung unter Bildung komplexer Salze auf. Sind Ammoniumsalze zugegen, oder bilden sich solche bei Verwendung einer mit starken Säuren angesäuerten Kobaltosalzlösung, so entsteht kein Niederschlag (vgl. Seite 52).

Schwefelwasserstoff: fällt aus mit starken Säuren schwach angesäuerter Lösung nichts aus; aus neutraler, verdünnter Kobaltosalzlösung fällt nach einiger Zeit etwas Kobaltosulfid (vgl. Seite 55). Vollständig fällt Kobalt beim Einleiten von Schwefelwasserstoff in die Lösung von Kobaltosalzen schwacher Säuren z. B. Kobaltoacetatlösung, wie sie beim Versetzen einer beliebigen Kobaltosalzlösung mit Natriumacetatlösung erhalten wird.

Ammoniumsulfid: fällt Kobaltosulfid.

$$Co(NO_3)_2 + (NH_4)_2S = CoS + 2\,NH_4NO_3$$

Der Niederschlag werde abfiltriert, mit Wasser etwas ausgewaschen und durch „Abklatschen“ möglichst vollständig in eine

Abdampfschale gebracht. Er löst sich beim Erwärmen mit etwa 5 % iger Chlorwasserstoffsäure nicht auf; in konzentrierter, warmer Chlorwasserstoffsäure oder in einem Gemische von konzentrierter Salpeter- und Chlorwasserstoffsäure ist er löslich (vgl. Seite 61).

Bariumcarbonat: Zu einer Probe Kobaltosalzlösung gebe man etwas aufgeschlämmtes Bariumcarbonat. Die Lösung bleibt rosa gefärbt; Kobalt fällt nicht aus. Man versetze die umgeschüttelte Masse reichlich mit Bromwasser und teile sie in zwei Hälften; die eine gibt beim Erwärmen sofort einen schwarzen Niederschlag von Kobaltioxydhydrat, die andere — und darin besteht ein Unterschied gegen Nickelsalze — gibt beim Stehen bei Zimmertemperatur nach einiger Zeit (bis 1/4 Stunde) denselben Niederschlag. Im Filtrate ist dann kein Kobalt mehr nachzuweisen.

$$2\,Co(NO_3)_2 + 3\,BaCO_3 + 2\,Br = Co_2O_3 + 3\,CO_2 + 2\,Ba(NO_3)_2 + BaBr_2$$

Wird eine Nickelosalzlösung ebenso behandelt, so entsteht bei Zimmertemperatur kein nickelhaltiger Niederschlag.

Kaliumnitrit: Eine kleine Probe Kobaltosalzlösung werde mit dem vierfachen Raumteile starker Kaliumnitritlösung versetzt und mit Essigsäure angesäuert; sollte die Lösung freie Mineralsäure enthalten, so stumpfe man sie mit Natriumacetatlösung ab, wodurch ein besonderer Essigsäurezusatz überflüssig wird. Beim Stehenlassen, schneller bei kurzem, schwachen Erwärmen fällt gelbes Hexanitritokobaltisaures Kalium aus: $K_3[Co(NO_2)_6]$ — das Kaliumsalz der komplexen Hexanitritokobaltiwasserstoffsäure $H_3[Co(NO_2)_6]$. Nickel gibt eine entsprechende Verbindung nicht. Die Fällung ist quantitativ, wenn man die Mischung mehrere Stunden stehen läßt.

Das Natriumsalz der Hexanitritokobaltisäure ist in Wasser leicht löslich. Man kann seine Lösung (ein Gemisch von Kobaltosalzlösung, Natriumnitrit und Essigsäure) als Reagens auf Kaliumsalze verwenden.

Kaliumthiocyanat: Eine kleine Probe äußerst verdünnter Kobaltosalzlösung werde reichlich mit Kaliumthiocyanatlösung versetzt und dann mit dem halben oder viertel Volumen Äther, dem einige Tropfen Amylalkohol beigefügt sind, durchgeschüttelt. Es bildet sich Kaliumkobaltothiocyanat, das sich in der Ätherschicht mit tiefblauer Farbe löst.

$$Co(NO_3)_2 + 4\,KCNS = 2\,KNO_3 + K_2[Co(CNS)_4]$$

Dies ist eine der empfindlichsten Prüfungsmethoden auf Kobalt, mit deren Hilfe die kleinsten Mengen Kobalt auch neben viel Nickel nachgewiesen werden können. Ist gleichzeitig Eisen zugegen, so hindert man die Bildung des Ferrirhodanids, das durch seine tiefrote Farbe die Blaufärbung kleiner Kobaltmengen verdecken könnte, da es sich ebenfalls in Äther löst, durch Zusatz von etwas Natriumcarbonatlösung, nachdem die Mischung zum ersten Male durchgeschüttelt ist, und schüttelt noch einmal durch. Bei diesem Versuche ist Kaliumthiocyanat besonders reichlich zu nehmen.

Kaliumcyanid: Man versetze eine Probe Kobaltosalzlösung mit sehr wenig frisch bereiteter Kaliumcyanidlösung; es fällt schmutzig rotbraunes Kobaltocyanid aus. Ein Überschuß von Kaliumcyanid löst den Niederschlag zu einer hellbraunen Lösung des sehr unbeständigen, komplexen Kaliumkobaltocyanids.

$$Co(NO_3)_2 + 2\,KCN = Co(CN)_2 + 2\,KNO_3$$
$$Co(CN)_2 + 4\,KCN = K_4[Co(CN)_6]$$

Ein kleiner Teil der Lösung werde sofort angesäuert: es fällt wieder Kobaltocyanid aus. Der Versuch gelingt am besten, wenn Kobaltosalzlösung und Kaliumcyanidlösung jede für sich aufgekocht und dadurch von gelöster Luft befreit, vor dem Mischen aber wieder abgekühlt werden. Die übrige Lösung schüttele man im Probierglase tüchtig mit Luft durch, oder koche sie besser einige Minuten lang, wobei sie sich zu Kaliumkobalticyanidlösung oxydiert.

$$2\,K_4[Co(CN)_6] + H_2O + O = 2\,KOH + 2\,K_3[Co(CN)_6]$$

Diese in der Wärme gelbe, beim Abkühlen wieder dunkler werdende Lösung enthält keine Kobaltionen mehr und gibt deshalb weder mit Natriumhydroxyd noch mit Ammoniumsulfid einen Niederschlag; auf Zusatz von Chlorwasserstoffsäure fällt nichts mehr aus. Auch läßt sich mit viel Natriumhydroxydlösung und einem reichlichen Bromwasserzusatze beim Erwärmen kein Kobaltioxydhydrat ausscheiden, vorausgesetzt, daß das Kobaltsalz frei von Nickelsalzen war, was übrigens nur bei sorgfältig gereinigten Kobaltsalzpräparaten der Fall ist. Dies Verhalten wird zum Nachweise von Nickel neben Kobalt in der Analyse verwendet.

Bei dieser Prüfung ist ein kleiner Kaliumcyanidüberschuß nötig, da sich Kobaltocyanid beim Versetzen mit einer unzureichenden Menge Kaliumcyanidlösung nur zum Teile als $K_4[Co(CN)_6]$, zum Teile aber auch als $K_2[Co(CN)_4]$ löst; dieses letztere Salz oxydiert sich nicht zu einer entsprechenden Kobaltiverbindung, so daß mit Natriumhydroxydlösung und Brom Kobalt als Kobaltioxydhydrat wieder ausgefällt wird, wodurch zu Irrtümern Anlaß gegeben werden kann.

Nickel.

Nickel ist als Metall und in der Mehrzahl seiner Umsetzungen dem Kobalt äußerst ähnlich. Die Salze sind im krystallisierten Zustande und in Lösung grün gefärbt, wasserfrei sind sie gelb. Nickel hat keine Neigung, in den dreiwertigen Zustand überzugehen. Es schmilzt bei 1452°.

Die Phosphorsalzperle der Nickelverbindungen ist in der Hitze bräunlichgelb, nach dem Erkalten heller.

Natriumhydroxyd: fällt hellgrünes Nickelohydroxyd — also kein basisches Salz wie beim Kobalt. Auf Zusatz von Bromwasser entsteht braunschwarzes Nickeldioxydhydrat.

$$Ni(NO_3)_2 + 2\,NaOH = Ni(OH)_2 + 2\,NaNO_3$$
$$Ni(OH)_2 + 2\,Br + 2\,NaOH = NiO_2 + 2\,H_2O + 2\,NaBr$$

Ammoniak: in geringer Menge zugesetzt, fällt ebenfalls hellgrünes Nickelohydroxyd oder basisches Salz, das der geringste Überschuß an Ammoniak aber zu einem komplexen Salze (z. B. $[Ni(NH_3)_6](NO_3)_2$ Hexamminnickelonitrat) löst; seine Lösung ist tiefblau gefärbt mit schwachem Stiche ins Rötliche. Ammoniumsalze starker Säuren verhindern aus dem schon mehrfach besprochenen Grunde die Fällung des Nickelohydroxyds durch Ammoniak.

Schwefelwasserstoff und Ammoniumsulfid geben dieselben Erscheinungen wie beim Kobalt. Nickelosulfid erhält sich aber längere Zeit in kolloïdalem Zustande, so daß man beim Filtrieren ein braunes, nickelhaltiges Filtrat gewinnt, aus dem die meist nicht unbeträchtlichen Anteile gelösten Nickelsulfids erst beim Aufkochen der mit Essigsäure angesäuerten Lösung oder sicherer beim Stehenlassen der ammoniumsulfidhaltigen Mischung über Nacht in filtrierbarer Form ausfallen.

Bariumcarbonat: Eine Probe Nickelosalzlösung werde mit geschlämmtem Bariumcarbonat und Bromwasser versetzt; es entsteht — auch bei längerem Stehen — bei Zimmertemperatur kein nickelhaltiger Niederschlag. Unterschied gegen Kobalt. Erst beim Aufkochen fällt das Nickel als Nickelidioxydhydrat aus.

Kaliumcyanid in geringer Menge zugesetzt, fällt weißgrünliches Nickelocyanid.

$$Ni(NO_3)_2 + 2\,KCN = Ni(CN)_2 + 2\,KNO_3$$

Ein Überschuß an Kaliumcyanid löst es zu dem komplexen Kaliumnickelocyanide $K_2[Ni(CN)_4]$, das sich nicht zu einem Kaliumnickelicyanide oxydieren läßt. Kocht man eine Probe dieser Lösung auf und säuert sie dann mit Chlorwasserstoffsäure an, so fällt Nickelocyanid wieder aus. Eine zweite Probe werde mit

Natriumhydroxydlösung und Ammoniumsulfid versetzt: es fällt kein Nickelosulfid aus — ein Beweis dafür, daß das Nickel im Kaliumnickelocyanide komplex gebunden ist. Eine dritte Probe werde mit Natriumhydroxydlösung und reichlich mit Bromwasser versetzt, worauf — aus verdünnten Lösungen erst nach einiger Zeit — schwarzbraunes Nickeldioxyhydrat ausfällt.

$$K_2[Ni(CN)_4] + 4KOH + 2Br = NiO_2 + 4KCN + 2KBr + 2H_2O$$

Diacetyldioxim: Diacetyldioxim (Dimethylglyoxim) bildet in essigsaurer oder ammoniakalischer Lösung mit Nickel ein sehr schwer lösliches Salz, das zur qualitativen und quantitativen Bestimmung von Nickel sehr geeignet ist. Da der Preis des Präparates zurzeit unverhältnismäßig hoch ist, wird es am besten im Institute selbst hergestellt. Zu dem folgenden Versuche genügt übrigens eine sehr verdünnte Lösung.

Ein Tropfen Nickelsalzlösung wird mit Wasser auf etwa einen Kubikzentimeter verdünnt, die Mischung mit 1—2 cm^3 einer 0·2 $^0/_0$igen Lösung von Diacetyldioxim in 50 $^0/_0$iger Essigsäure oder einer 1 $^0/_0$igen alkoholischen Lösung versetzt und auf etwa 60—80^0 erwärmt. Beim Zutropfen von Natriumhydroxydlösung färbt sich die Lösung gelb; die immer noch sauer reagierende Lösung wird jetzt bald hellpurpurrot und läßt einen purpurroten Niederschlag (unter dem Mikroskope Nädelchen) ausfallen.

Ist Kobalt zugegen, so braucht man mehr Diacetyldioxim, von dem man am besten eine Federmesserspitze des feinen Pulvers zu der schwach essigsauren und mit Natriumacetatlösung versetzten Lösung gibt; beim Erwärmen bildet sich der rote Niederschlag.

Guanidinharnstoff[1]): Zwei Tropfen Nickelsalzlösung werden tropfenweise mit konzentrierter Ammoniaklösung versetzt, bis der zuerst ausfallende Niederschlag sich wieder gelöst hat; dann werden 1—2 cm^3 einer zweiprozentigen Lösung eines Guanidinharnstoff-(„Dicyandiamidin"-)salzes zugegeben. Wird jetzt Natriumhydroxydlösung eingetropft, so wird die Lösung bald farblos, dann gelb und läßt nach einigen Minuten einen hellbräunlichen Niederschlag (unter dem Mikroskope Nädelchen) vom Nickelsalze des Guanidinharnstoffs ausfallen.

Wenn Nickel neben Kobalt, Eisen, Aluminium, Zink nachgewiesen werden soll, so werden zu der ursprünglichen Lösung 2—3 cm^3 Weinsäurelösung gegeben, wodurch die Metalle komplex gebunden werden. Die Probe wird dann, wie eben angegeben ist, ausgeführt; doch entsteht der Niederschlag erst nach etwa 15 Minuten.

---

[1]) Zu niedrigem Preise zu beziehen von der Cyanidgesellschaft Berlin SW Askanischerplatz 4.

5. Chromgruppe.

Als „Chromgruppe“ seien Chrom Cr, Molybdän Mo, Wolfram W, Uran U zusammengefaßt, und ihr das Mangan Mn angeschlossen. Diese Metalle stehen in mehreren ihrer Verbindungsreihen den Metallen der Eisengruppe sehr nahe, unterscheiden sich von ihnen aber durch die Fähigkeit, auch in höheren Wertigkeitsformen — sechswertig und siebenwertig — beständige Verbindungen zu geben; die sich von diesen hochwertigen Atomen ableitenden Sauerstoff-Wasserstoffverbindungen sind starke Säuren. Bemerkt sei, daß ihnen von den Metallen der Eisengruppe in dieser Hinsicht das Eisen nahesteht, das eine der Mangansäure H_2MnO_4 und der Chromsäure H_2CrO_4 analoge, aber leicht zersetzliche Eisensäure H_2FeO_4 bildet, deren Salze beständiger sind. Das dem Wolfram in gewisser Beziehung verwandte Uran — das Element mit dem höchsten Atomgewichte — steht in manchen Eigenschaften seiner Verbindungen ganz isoliert da.

Chrom.

Chrom ist ein hell-stahlgraues, sehr hartes, schwer schmelzbares Metall, das in verdünnter Chlorwasserstoff- und Schwefelsäure unter Wasserstoffentwicklung, kaum aber in Salpetersäure löslich ist. In den Verbindungen, in denen es zwei- und dreiwertig auftritt, steht es dem Eisen nahe. Seine Oxydulverbindungen sind viel unbeständiger als die des Eisens; sie sind meist blau gefärbt und oxydieren sich außerordentlich leicht zu den Oxydverbindungen; mit ihnen sollen hier keine Versuche angestellt werden.

Die gelbe Chromsäure, in der das Chrom sechswertig anzunehmen ist, steht in ihrer Zusammensetzung und in ihrem Verhalten der Schwefelsäure nahe:

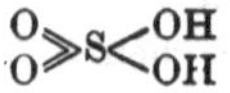

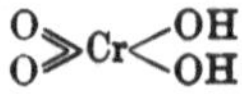

Rein ist die Chromsäure weder für sich noch in wäßriger Lösung darstellbar; sie ist nur in ihren Salzen bekannt. Beim Versuche, sie aus den Lösungen der Salze durch stärkere Säuren in Freiheit zu setzen, spaltet sie sofort aus zwei Molekeln eine Molekel Wasser ab und geht in die rote Pyrochromsäure $H_2Cr_2O_7$ über, die vielleicht folgendermaßen zu formulieren ist:

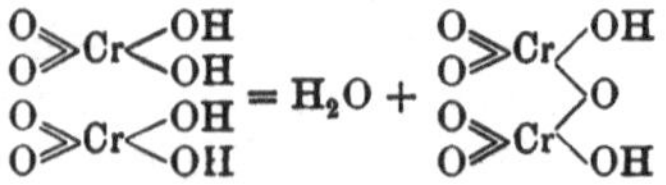

Konzentriert man die Lösung der Pyrochromsäure weiter, so spaltet sich der Rest des Wasserstoffs als Wasser ab, und es krystallisiert beim Abkühlen der Lösung das leichtlösliche Chromtrioxyd (Chromsäureanhydrid) CrO_3 aus. Die Salze der Chromsäure sind gelb, die der Pyrochromsäure rot gefärbt.

Die Chemie des Chroms kompliziert sich noch weiter dadurch, daß Chrom die Neigung hat, mit Ammoniak und auch mit Säuren komplexe Verbindungen einzugehen, die charakteristische Eigenschaften besitzen.

Chromverbindungen färben die Phosphorsalzperle sowohl in der Oxydations- als auch in der Reduktionsflamme grün.

Man löse etwas fein gepulvertes violettes Chromisulfat oder sein Doppelsalz mit Kaliumsulfat, nämlich Chromalaun, in kaltem Wasser, wobei sich eine violette, bald mehr ins blaue, bald mehr ins rote schillernde Lösung bildet. Man koche eine Probe dieser Lösung auf; sie färbt sich tief grün. Durch Eindampfen sind aus der grünen Lösung keine Krystalle zu gewinnen. Chromisulfat — und ebenso die anderen Chromisalze — kommt also in zwei Modifikationen, einer violetten und einer grünen, vor. Bei mehrtägigem Stehen in verdünnter Lösung geht die grüne Modifikation größtenteils wieder in die violette über.

Die violette Lösung werde zu folgenden Umsetzungen der Chromisalze benutzt.

Natriumhydroxyd: Wird Natriumhydroxydlösung in geringer Menge zugesetzt, so fällt graugrünes Chromioxydhydrat.

$$Cr_2(SO_4)_3 + 6\,NaOH = Cr_2O_3 + 3\,Na_2SO_4 + 3\,H_2O$$

Ein Überschuß von Natriumhydroxydlösung löst das Chromioxydhydrat zu einer prächtig smaragdgrünen Lösung von Natriumchromit $Cr(OH)_2(ONa)$. Die eine Hälfte dieser Chromitlösung werde mit etwas Wasser verdünnt und einige Minuten gekocht, wobei das Chromit durch Hydrolyse in Chromioxydhydrat, das ausfällt, und Natriumhydroxyd gespalten wird. Die andere Hälfte werde reichlich mit Bromwasser versetzt und erwärmt; die Lösung färbt sich dabei gelb, weil das Natriumchromit zu Natriumchromat oxydiert wird.

$$Cr(OH)_2(ONa) + 4\,NaOH + 3\,Br = 3\,H_2O + 3\,NaBr + Na_2CrO_4$$

Ammoniak: fällt graugrünes Chromioxydhydrat, von dem meist geringe Mengen in der ammoniakalischen Lösung komplex gelöst bleiben und sie rötlich färben. Man filtriere und koche das rosa gefärbte Filtrat einige Minuten, während dessen es sich entfärbt und den Rest Chromioxydhydrat fallen läßt.

Natriumcarbonat: fällt unter Kohlendioxydentwicklung graugrünes Chromioxydhydrat.

$$Cr_2(SO_4)_3 + 3\,Na_2CO_3 = Cr_2O_3 + 3\,CO_2 + 3\,Na_2SO_4$$

Schwefelwasserstoff: fällt nichts.

Ammoniumsulfid: fällt Chromioxydhydrat; ein Chromisulfid ist nur auf trocknem Wege darstellbar; mit Wasser erleidet es Hydrolyse.

$$Cr_2(SO_4)_3 + 3(NH_4)_2S + 3\,H_2O = Cr_2O_3 + 3\,H_2S + 3(NH_4)_2SO_4$$

Etwas Chromioxydhydrat werde auf eine mehrfache Schicht Filtrierpapier gestrichen, die das Wasser aufsaugt und den Niederschlag somit einigermaßen trocknet. Der nur noch wenig feuchte Rückstand werde mit etwa der doppelten bis dreifachen Menge eines Gemisches von Kaliumnitrat und Natriumcarbonat auf einem durch Hochbiegen der Ränder zu einer kleinen Wanne geformten Platinbleche geschmolzen. In der Schmelze oxydiert das Kaliumnitrat jede Chromverbindung zu Chromat; die gelbe Schmelze werde mit etwas warmem Wasser gelöst, wobei ein gelbe Lösung von Alkalichromat entsteht. Charakteristisch.

$$Cr_2O_3 + 4\,NaOH + 3\,O = 2\,H_2O + 2\,Na_2CrO_4$$

Auf Zusatz von verdünnter Schwefelsäure wird die Lösung rot; es bildet sich Alkalipyrochromat und weiterhin Pyrochromsäure.

$$2\,Na_2CrO_4 + H_2SO_4 = H_2O + Na_2SO_4 + Na_2Cr_2O_7$$
$$2\,Na_2CrO_4 + 2\,H_2SO_4 = H_2O + 2\,Na_2SO_4 + H_2Cr_2O_7$$

Ein Zusatz von Natriumhydroxydlösung zur roten Lösung färbt diese wieder gelb unter Rückbildung des neutralen Alkalichromats.

Etwas Kaliumpyrochromatlösung des Laboratoriums werde zu folgenden Umsetzungen der Chromsäure und Pyrochromsäure verwendet.

Bariumchlorid: fällt einen hellgelben Niederschlag, der in Essigsäure unlöslich ist; starke Säuren (HCl, HNO_3) lösen ihn, wären also, wenn vorhanden, durch Natriumacetatzusatz unschädlich zu machen.

$$2\,K_2Cr_2O_7 + H_2O + 2\,BaCl_2 = 4\,KCl + H_2Cr_2O_7 + 2\,BaCrO_4$$

Calciumchlorid und Strontiumchlorid geben keinen entsprechenden Niederschlag.

Bleiacetat: fällt einen sattgelben Niederschlag („Chromgelb"), der in Essigsäure unlöslich, in Salpetersäure oder Natriumhydroxydlösung löslich ist.

$$K_2Cr_2O_7 + 2\,Pb(C_2H_3O_2)_2 + H_2O = 2\,H(C_2H_3O_2) + 2\,K(C_2H_3O_2) + 2\,PbCrO_4$$
$$PbCrO_4 + 3\,NaOH = H_2O + Pb(OH)ONa + Na_2CrO_4$$

Der Bleichromatniederschlag geht beim Übergießen mit Ammoniaklösung in bräunlich-rotes, basisches Bleichromat über.

Silbernitrat erzeugt einen dunkelbraunroten Niederschlag. Auf Zusatz von Chlorwasserstoffsäure wird der Niederschlag weiß. indem er sich zu Silberchlorid umsetzt.

$$2\,K_2Cr_2O_7 + 4\,AgNO_3 + H_2O = 4\,KNO_3 + H_2Cr_2O_7 + 2\,Ag_2CrO_4$$
$$2\,Ag_2CrO_4 + 4\,HCl = 4\,AgCl + H_2O + H_2Cr_2O_7$$

Silberchlorid hat also ein geringeres Löslichkeitsprodukt als Silberchromat. Dies Verhalten findet bei der maßanalytischen Bestimmung von Chloriden Verwendung.

Mercuronitrat gibt einen tief orangeroten Niederschlag, der aus einem kompliziert zusammengesetzten, basischen Mercurochromate besteht. Beim Aufkochen der mit etwas Salpetersäure versetzten Masse entsteht das prachtvoll rote, krystallinische, neutrale Mercurochromat Hg_2CrO_4.

Wasserstoffsuperoxyd: Ein Tropfen Kaliumpyrochromatlösung werde mit wenigen Tropfen verdünnter Schwefelsäure und wenig Wasserstoffsuperoxydlösung versetzt. Es entsteht eine tiefblaue Lösung. Schüttelt man diese sofort mit 1 bis 2 cm^3 Äther, so geht der blaue Farbstoff in den Äther über und färbt diesen schön blau. Der neue, färbende Stoff ist sehr unbeständig und läßt sich nicht isolieren; er ist eine Säure und wird „Überchromsäure“ genannt.

Chromsäurechlorid: In einem Probierglase mit Gasableitungsrohr erwärme man reichlich so viel festes Kaliumpyrochromat, als eine Erbse ausmacht, mit ebensoviel Kaliumchlorid und 1 bis 2 cm^3 konzentrierter Schwefelsäure. Das entstehende, braune Gas leite man in ein vorgelegtes Probierrohr über 2 bis 3 cm^3 stark verdünnte Natriumhydroxydlösung dergestalt, daß das Gasableitungsrohr nicht in die Natriumhydroxydlösung eintauche (Fig. 13).

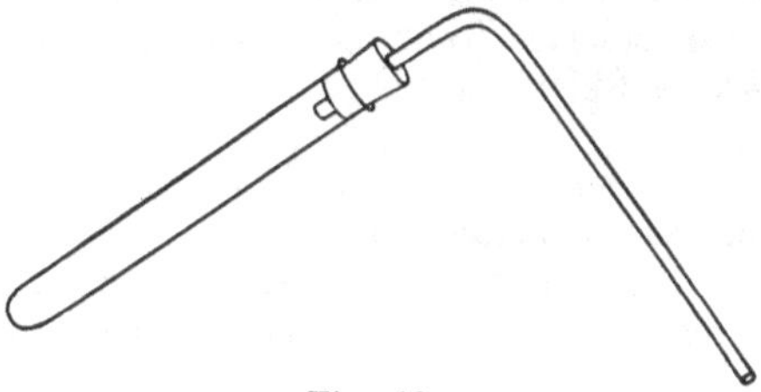

Fig. 13.

$$K_2Cr_2O_7 + 4\,KCl + 3\,H_2SO_4 = 3\,H_2O + 3\,K_2SO_4 + 2\,CrO_2Cl_2$$

Der überdestillierende braune Stoff — eine bei 117° siedende sehr unangenehm riechende und sehr aggressive Flüssigkeit — ist das Chlorid der Chromsäure (es entsteht aus der Chromsäure durch Ersatz der zwei Hydroxylgruppen durch zwei Chloratome) und wird „Chromsäurechlorid“, „Chromylchlorid“ oder auch „Chromoxychlorid“ genannt. Mit Wasser geht er langsam unter Chlorwasserstoffabspaltung in Chromsäure (Hydrolyse), mit Natriumhydroxydlösung sofort in Chromat über.

$$CrO_2Cl_2 + 2\,H_2O = 2\,HCl + H_2CrO_4$$
$$CrO_2Cl_2 + 4\,NaOH = 2\,H_2O + 2\,NaCl + Na_2CrO_4$$

Als Chromsäurechlorid kann also das Chrom leicht destilliert werden; unter den gleichen Umständen bildet sich ein entsprechendes Bromid oder Jodid der Chromsäure nicht. Infolgedessen kann das Auftreten einer flüchtigen Chromverbindung, das an der Gelbfärbung der vorgelegten Natriumhydroxydlösung zu erkennen ist, zum Nachweise von Chlor, das sich neben Jod und Brom sonst schwer mit Sicherheit erkennen läßt, dienen (Methode von H. Rose). Überdestillierendes Brom würde mit der Natriumhydroxydlösung eine farblose oder fast farblose Lösung geben.

In Gegenwart von Wasser bildet sich aus Kaliumpyrochromat und Chlorwasserstoffsäure kein Chromsäurechlorid, sondern es findet Oxydation der Chlorwasserstoffsäure statt. Man koche etwas Kaliumpyrochromat mit starker Chlorwasserstoffsäure; es entweicht Chlor, während sich die Lösung unter Reduktion des Chromates zu Chromisalz grün färbt.

$$K_2Cr_2O_7 + 14\,HCl = 2\,KCl + 2\,CrCl_3 + 7\,H_2O + 6\,Cl$$

Diese Methode der Chlordarstellung wird im chemischen Laboratorium zur Darstellung von reinem Chlorgase benutzt; auch empfiehlt sie sich, wenn es sich um Darstellung einer genau bestimmten Masse von Chlor handelt, zu deren Gewinnung man die äquivalente Masse Kaliumpyrochromat verwendet. Man beachte bei der Berechnung, daß einer Molekel Kaliumpyrochromat drei Atome Sauerstoff, also sechs Atome Chlor entsprechen.

Durch Reduktionsmittel werden Chromate zu Chromioxydhydrat und seinen Salzen reduziert.

Man leite Schwefelwasserstoffgas durch eine Kaliumpyrochromatlösung; es fällt graugrünes Chromioxydhydrat, gemengt mit Schwefel, aus.

$$K_2Cr_2O_7 + 4\,H_2S = Cr_2O_3 + 4\,H_2O + K_2S + 3\,S$$

Man wiederhole den Versuch mit einer, mit Schwefelsäure angesäuerten Kaliumpyrochromatlösung; jetzt fällt nur weißer Schwefel aus, während sich die Lösung unter Bildung von Chromisulfat grün färbt.

$$H_2Cr_2O_7 + 3\,H_2SO_4 + 3\,H_2S = 7\,H_2O + 3\,S + Cr_2(SO_4)_3$$

Man versetze ein wenig Kaliumpyrochromatlösung reichlich mit Schwefligsäurelösung, wobei sich das Chromat zu Chromisulfat reduziert.

$$K_2Cr_2O_7 + 4\,SO_2 = Cr_2(SO_4)_3 + K_2SO_3$$

Man erwärme etwas Kaliumpyrochromatlösung mit ebensoviel Alkohol und etwas verdünnter Schwefelsäure und achte auf den dabei auftretenden eigentümlichen Geruch von Aldehyd, einem Oxydationsprodukte des Alkohols.

$$K_2Cr_2O_7 + 4\,H_2SO_4 = 4\,H_2O + K_2SO_4 + Cr_2(SO_4)_3 + 3\,O$$

$$\underset{\text{Alkohol}}{C_2H_6O} + O = H_2O + \underset{\text{Aldehyd}}{C_2H_4O}$$

Nach der vorletzten Gleichung kann man durch Erwärmen von gepulvertem Kaliumpyrochromat mit konzentrierter Schwefelsäure auch Sauerstoffgas darstellen. Man stelle das durch einen Probierglasversuch fest, wobei man den entstehenden Sauerstoff durch die Aufflammprobe eines glimmenden Spanes nachweise.

Molybdän.

Molybdän ist ein silberglänzendes, hartes, sehr schwer schmelzbares Metall. Vom dreiwertigen Molybdän leiten sich die Molybdäni- oder Molybdänoxyd-Verbindungen ab, vom sechswertigen die Molybdänsäure; außerdem kann das Molybdän 2-, 4-, 5wertig auftreten.

Man löse ein wenig krystallisiertes Ammoniummolybdat in Wasser. Zu einer Probe dieser Lösung gebe man tropfenweise verdünnte Chlorwasserstoff- oder Salpetersäure; es fällt weiße Molybdänsäure H_2MoO_4 aus. Auf weiteren Säurezusatz löst sich die Molybdänsäure wieder auf. Wahrscheinlich bildet die Molybdänsäure mit den Säuren komplexe, wasserlösliche Säuren.

Zu der so erhaltenen Molybdänsalpetersäurelösung gebe man einen Tropfen Natriumphosphatlösung (ein Überschuß schadet): die Lösung färbt sich gelb, und nach einiger Zeit, rascher bei schwachem Erwärmen, fällt ein gelber Niederschlag vom Ammoniumsalze der komplexen Molybdänphosphorsäure aus, etwa von der Zusammensetzung $(NH_4)_3[PO_4 + 12 MoO_3] + 6 H_2O$; doch ist die Zusammensetzung nicht stets die gleiche. Der Ammoniummolybdänphosphatniederschlag ist in Ammoniaklösung sehr leicht löslich.

Eine zweite Probe Ammoniummolybdatlösung säuere man schwach an und leite Schwefelwasserstoff ein. Vorübergehend tritt Blaufärbung auf, und dann fällt schmutzigbraunes Molybdäntrisulfid MoS_3 aus. Auf Zusatz von Ammoniumsulfid und etwas Natriumhydroxydlösung löst sich das Molybdäntrisulfid zur tiefbraunen Lösung eines Ammoniumthiomolybdats auf, etwa $(NH_4)_2MoS_4$. Es ist interessant, daß sich beim Molybdän — anders als beim Chrom — ein Sulfid von der sechswertigen Form des Elements ableitet.

Eine dritte Probe Ammoniummolybdatlösung werde mit Chlorwasserstoffsäure versetzt, bis die zuerst ausgefällte Molybdänsäure sich wieder gelöst hat; dann gebe man ein Stückchen Zink hinzu. Sofort färbt sich die Lösung durch Reduktion tiefblau, indem sich die kolloïdale Lösung von „Molybdänblau“, eines niedrigeren Oxyds des Molybdäns bildet; nach einiger Zeit wird die Farbe infolge weiteren Fortschreitens der Reduktion grün und zuletzt — rascher bei kurzem Erwärmen — braun. Aus dieser braunen Lösung fällt Ammoniak schmutzigbraunes Molybdänioxydhydrat Mo_2O_3. Dies ganze Verhalten ist für Molybdän charakteristisch.

Uran.

Von den Verbindungsreihen des Urans, das in seinem Äußeren mit Eisen Ähnlichkeit besitzt, haben die Salze des zweiwertigen „Uranyls“ UO_2 ein größeres Interesse, nämlich das Uranylnitrat $UO_2(NO_3)_2$; Uranylsulfat UO_2SO_4 etc. Sie entsprechen dem Chromsäurechlorid. In ihnen ist das Uran sechswertig; sie sind als basische Salze aufzufassen. Sechswertig ist das Uran ferner in der Pyrouransäure $H_2U_2O_7$, die in ihrer Zusammensetzung der Pyrochromsäure entspricht.

Man versetze etwas Uranylnitratlösung mit Ammoniumsulfidlösung: es fällt schmutzig-graubraunes, zersetzliches Uranylsulfid UO_2S aus. Auf Zusatz von Ammoniumcarbonatlösung löst sich der Niederschlag, wobei sich das wasserlösliche Doppelcarbonat $UO_2CO_3 + 2(NH_4)_2CO_3$ bildet. Durch dieses interessante Verhalten kann das Uran von Eisen etc. getrennt werden. Durch Schwefelwasserstoff wird Uran aus saurer Lösung nicht gefällt, was für die qualitative und quantitative Analyse wichtig ist.

Man versetze eine Probe Uranylnitratlösung mit Natriumphosphatlösung; es fällt gelbgrünliches Uranylhydrophosphat $(UO_2)HPO_4$ aus.

Man versetze eine Probe Uranylnitratlösung mit Kaliumferrocyanidlösung; es entsteht ein flockiger, rotbrauner Niederschlag von Uranylferrocyanid $(UO_2)_2[Fe(CN)_6]$, der auf Zusatz von Natriumhydroxydlösung gelb wird, indem sich unlösliches Natriumpyrouranat $Na_2U_2O_7$ bildet. Dies ist eine sehr empfindliche Probe auf Uransalze.

Eine Phosphorsalzperle wird durch Uranverbindungen gelbgrün gefärbt. Zur technischen Färbung von Glas wird meist das im großen hergestellte Natriumpyrouranat $Na_2U_2O_7$ benutzt; es wird durch Zusatz von Natriumhydroxydlösung zu Uranylnitratlösung als gelber Niederschlag ausgefällt.

Mangan.

Mangan ist ein grauweißes Metall von schwach rötlichem Schimmer; es wird von verdünnten Säuren leicht unter Bildung von Manganosalzen gelöst. Die ziemlich beständigen Manganosalze oder Manganoxydulsalze, die sich vom zweiwertigen Mangan ableiten, stehen den Ferrosalzen und den Magnesiumsalzen nahe. Die Manganisalze oder Manganoxydsalze, in denen das Mangan dreiwertig ist, sind sehr unbeständig. Vom vierwertigen Mangan leitet sich das Mangandioxyd (Hauptbestandteil des „Braunsteins"), vom sechswertigen die wenig beständige Mangansäure H_2MnO_4, vom siebenwertigen Mangan die etwas beständigere Übermangansäure (Permangansäure) $HMnO_4$ ab; die Mangansäure entspricht der Eisensäure H_2FeO_4, die Übermangansäure der Überchlorsäure $HClO_4$.

Das Manganosulfid MnS ist wenig beständig und löst sich schon in der schwachen Essigsäure; auch hierin stehen die Manganoverbindungen den Magnesiumverbindungen nahe.

Mangan hat also folgende Wertigkeiten: II (Manganoverbindungen), III (Manganiverbindungen), IV (Mangandioxyd), VI (Mangansäure), VII (Übermangansäure).

Man übergieße in einem Probierglase etwa 1 g Braunstein mit konzentrierter Chlorwasserstoffsäure, erhitze die zunächst dunkelbraune Mischung bis zur Chlorentwicklung und halte sie warm, bis sich der Braunstein gelöst hat, und nur noch farbloses Siliciumdioxyd, das ihm gewöhnlich beigemengt ist, übrig geblieben ist.

Die Umsetzung geht in zwei Stadien vor sich. Bei Zimmertemperatur bildet sich zunächst eine Lösung von Mangantetrachlorid $MnCl_4$.

$$MnO_2 + 4\,HCl = 2\,H_2O + MnCl_4$$

Während der Bildung und vollständig beim Erhitzen zerlegt sich dieses höhere Chlorid und geht in Manganochlorid und Chlor über.

$$MnCl_4 = Cl_2 + MnCl_2$$

Man verwende eine reine Manganochloridlösung des Laboratoriums zu den folgenden Versuchen:

Natriumhydroxyd: fällt weißes Manganohydroxyd; beim Schütteln der Mischung mit Luft wird das Manganohydroxyd braun, indem es in Manganioxydhydrat Mn_2O_3 übergeht.

$$MnCl_2 + 2\,NaOH = Mn(OH)_2 + 2\,NaCl$$
$$2\,Mn(OH)_2 + O = Mn_2O_3 + 2\,H_2O$$

Wird zu der Manganohydroxydfällung Bromwasser gesetzt, so wird das Manganohydroxyd zu Mangandioxydhydrat oxydiert.

$$Mn(OH)_2 + 2\,NaOH + 2\,Br = MnO_2 + 2\,H_2O + 2\,NaBr$$

Ammoniak: wird eine kleine Menge Ammoniaklösung zugesetzt, so fällt ebenfalls Manganohydroxyd; die Fällung ist nicht vollständig und löst sich auf Zusatz von Ammoniumchloridlösung wieder auf. Der Grund hierfür ist der beim Ammoniak angegebene (vgl. Seite 39 u. 51). Beim Stehenlassen einer mit Ammoniumchlorid- und Ammoniaklösung versetzten, klaren Manganosalzlösung findet Oxydation statt, und Manganioxydhydrat fällt langsam aus.

Natriumcarbonat: fällt weißes Manganocarbonat.

$$MnCl_2 + Na_2CO_3 = MnCO_3 + 2\,NaCl$$

Bariumcarbonat: wird bei Zimmertemperatur zu einer Manganosalzlösung Bariumcarbonatbrei gesetzt, so scheidet sich auch bei längerem Schütteln nichts aus; man erkennt das daran, daß aus dem Filtrate auf Zusatz von Natriumcarbonatlösung noch alles Mangan als Carbonat ausfällt. In dieser Umsetzung verhält sich das Mangan ebenso wie Zink und anders als die dreiwertigen Metalle Chrom, Aluminium und Eisen.

Natriumphosphat: eine Probe Manganosalzlösung werde mit Ammoniumchlorid- und mit Ammoniaklösung versetzt, und zur klaren Lösung Natriumphosphatlösung gegeben; es fällt das dem Ammoniummagnesiumphosphate entsprechende Ammoniummanganophosphat aus.

$$MnCl_2 + Na_2HPO_4 + NH_3 = Mn(NH_4)PO_4 + 2\,NaCl$$

Schwefelwasserstoff: fällt — auch nach Zusatz von Natriumacetatlösung — nichts aus. Unterschied gegen Zink.

Ammoniumsulfid: fällt hellbräunlich-rötliches, wasserhaltiges Manganosulfid MnS aus; unter gewissen Umständen entsteht eine grün gefärbte Form des Sulfids. Diese Sulfide werden von verdünnten Säuren, auch Essigsäure, leicht gelöst.

In alkalischer Oxydationsschmelze werden Manganverbindungen zu Alkalimanganat oxydiert. Man schmelze auf einem zum Kästchen gebogenen Platinbleche ein wenig Braunstein mit dem Drei- bis Vierfachen eines Gemisches von etwa gleichviel wasserfreiem Natriumcarbonat und Kaliumnitrat; es entsteht eine tief dunkelgrüne Schmelze, deren Auftreten für das Vorhandensein auch sehr geringer Mengen von Mangan charakteristisch ist. Diese Schmelze wird deshalb in der chemischen Analyse zum Nachweise von Mangan benutzt.

$$MnO_2 + Na_2CO_3 + O = CO_2 + Na_2MnO_4$$

In kaltem Wasser löst sich die Schmelze grün; nach kurzem Stehen wird die Lösung violett; schneller, wenn wenige Tropfen Essigsäure zugegeben werden; später verschwindet aber auch die violette Farbe. Aus dem in Lösung unbeständigen, grünen Manganate bildet sich unter Abspaltung von Alkalihydroxyd und Mangandioxydhydrat das violette Salz der Übermangansäure, das nach einiger Zeit seinerseits wieder zerfällt.

$$3\,K_2MnO_4 + 2\,H_2O = MnO_2 + 4\,KOH + 2\,KMnO_4$$

Festes Kaliumpermanganat $KMnO_4$ bildet schwarze, krystallisierte Nadeln, die sich in Wasser mit tiefvioletter Farbe lösen. Man kann die Übermangansäure direkt aus Manganosalz durch eine Oxydation mit Bleidioxyd in salpetersaurer Lösung erhalten. Zu diesem Zwecke koche man eine Mischung von etwa 5 cm^3 verdünnter und 1 cm^3 konzentrierter Salpetersäure mit einer Federmesserspitze Bleidioxyd auf und bringe mit einem Glasstabe zwei Tropfen Manganosulfatlösung hinein. Nach kurzem Erwärmen filtriere man, wobei man ein tief rotviolett gefärbtes Filtrat erhält. Bei Ausführung des Versuchs sind die gegebenen Vorschriften genau einzuhalten, besonders würde die Gegenwart von Chlorwasserstoffsäure oder Chloriden stören.

Kaliumpermanganat hat ein großes Bestreben, Sauerstoff abzugeben, und ist infolgedessen eines der wichtigsten Oxydationsmittel der Chemie. Ein besonderer Vorzug ist, daß es sowohl in alkalischer als auch in saurer Lösung verwendet werden kann.

In alkalischer Lösung geht die Umsetzung nach folgenden Gleichungen vor sich:

$$2\,KMnO_4 + 2\,KOH = H_2O + O + 2\,K_2MnO_4$$
$$K_2MnO_4 + H_2O = MnO_2 + O + 2\,KOH$$

Zwei Molekeln Kaliumpermanganat geben in dieser Oxydation also zusammen drei Atome Sauerstoff ab, entsprechend dem Fallen der Manganvalenz von 7 auf 4. Das durch die erste Gleichung dargestellte Zwischenstadium ist realisierbar bei Verwendung einer geringen Menge oxydierbaren Stoffes oder bei Anwendung weniger leicht oxydierbarer Stoffe und bei niederer Temperatur:

Man versetze 5 cm^3 sehr verdünnter Kaliumpermanganatlösung mit einigen Tropfen verdünnter Natriumhydroxydlösung und setze mit einem Glasstabe einen Tropfen verdünnter Ammoniumsulfidlösung hinzu. Sofort geht das Rotviolett in das tiefe Grün des Kaliummanganats über. Auf Zusatz von etwas mehr Ammoniumsulfid realisiert sich auch die zweite Gleichung: es tritt Entfärbung ein, während sich ein dicker brauner Schlamm von Mangandioxydhydrat zu Boden setzt.

Man versetze 5 cm^3 verdünnter Kaliumpermanganatlösung mit einigen Tropfen Natriumhydroxydlösung und setze einige Tropfen Alkohol hinzu. Auch hier tritt Grünfärbung auf; erhitzt man die Masse, so geht die Umsetzung weiter: die Lösung entfärbt sich, und ein braunschwarzer Niederschlag von Mangandioxydhydrat entsteht. Dabei wird der Alkohol zu Aldehyd oxydiert, dessen Geruch wahrzunehmen ist.

In saurer Lösung geht die Oxydationswirkung des Kaliumpermanganats nach folgender Gleichung vor sich:

$$2KMnO_4 + 3H_2SO_4 = K_2SO_4 + 2MnSO_4 + 3H_2O + 5O$$

Zwei Molekeln Kaliumpermanganat geben hier also fünf Atome Sauerstoff ab, entsprechend dem Fallen der Manganvalenz von 7 auf 2.

Man gebe zu 5 cm^3 verdünnter Kaliumpermanganatlösung einige Tropfen Oxalsäurelösung und $^1/_2$ bis 1 cm^3 konzentrierter Schwefelsäure. Die Lösung entfärbt sich. Dabei wird die Oxalsäure zu Wasser und Kohlendioxyd oxydiert.

$$C_2H_2O_4 + O = 2CO_2 + H_2O$$

Die Oxydation in saurer Lösung auszuführen ist insofern bequemer, als man die lästige Filtration des voluminösen Mangandioxydhydratniederschlages vermeidet; in vielen Fällen, namentlich bei der Oxydation mancher organischer Stoffe, läßt sich die Oxydation in alkalischer Lösung nicht umgehen.

Man versetze etwas Kaliumpermanganatlösung mit ein wenig Schwefelsäure und nach und nach mit Wasserstoffsuperoxydlösung. Unter Entwicklung von Sauerstoff (Probe mit glimmendem Spane) tritt Entfärbung ein.

$$2KMnO_4 + 3H_2SO_4 + 5H_2O_2 = K_2SO_4 + 2MnSO_4 + 8H_2O + 10\ O$$

Diese eigenartige Zersetzung verläuft quantitativ und wird zur quantitativen Bestimmung von Wasserstoffsuperoxyd in seinen Lösungen durch Titrieren benutzt.

Oxydation.

Die Oxydation ist einer der wichtigsten chemischen Vorgänge; sie besteht darin, daß an einen Stoff Sauerstoff angelagert wird, oder daß ihm Wasserstoff entzogen wird, oder schließlich darin, daß Abkömmlinge einer sauerstoffärmeren Verbindung (z. B. Ferrooxyd) in Abkömmlinge einer sauerstoffreicheren Verbindung (Ferrioxyd) übergeführt werden.

z. B.

$$S + 2O = SO_2$$
$$HJ - H = J$$
$$FeCl_2 + Cl = FeCl_3$$

Die häufigst verwandten Oxydationsmittel seien hier zusammengestellt:

1) Elementarer Sauerstoff: Durch elementaren Sauerstoff oder durch den Sauerstoff der atmosphärischen Luft werden die Alkali- und Erdalkalimetalle schon bei Zimmertemperatur zu Oxyden oxydiert; viele andere Elemente (S, P, Mg, Al, Zn, Fe etc.) verbinden sich in der Hitze unter Feuererscheinung mit Sauerstoff. Ferner oxydieren sich in Gegenwart von Wasser ausgefälltes Ferrohydroxyd und Manganohydroxyd durch Luftsauerstoff zu Ferrioxydhydrat und Manganioxydhydrat. Energischer als Sauerstoff wirkt Ozon.

2) Superoxyde und sonstige höhere Oxyde: Die wichtigsten Oxydationsmittel aus der Reihe der Superoxyde und verwandten Stoffe sind Wasserstoffsuperoxyd, Natriumsuperoxyd, Bleidioxyd, Mangandioxyd. Sie geben direkt Sauerstoff ab und wirken energischer als elementarer Sauerstoff, da von ihnen der Sauerstoff in statu nascendi, d. h. in einzelnen Atomen abgegeben wird, während der Luftsauerstoff aus zweiatomigen Molekeln besteht, die sich erst trennen müssen, ehe sie wirksam sind. (Die aus dreiatomigen Molekeln bestehenden Ozonmolekeln zerfallen leichter als die zweiatomigen Sauerstoffmolekeln, woraus sich ebenfalls ihre intensivere Wirkung erklärt.)

z. B. $PbO_2 + 4HCl = 2H_2O + PbCl_2 + 2Cl$

3) Salpetersäure: Salpetersäure wirkt dadurch oxydierend, daß sie in Sauerstoff und sauerstoffärmere Verbindungen des Stickstoffs zerfällt.

$$2HNO_3 = H_2O + 2NO + 3O$$
$$\text{oder} \quad 2HNO_3 = H_2O + 2NO_2 + O$$

Bei niederer Temperatur und Konzentration zerfällt Salpetersäure wesentlich im Sinne der ersten Gleichung, bei höherer Temperatur und Konzentration im Sinne der zweiten Gleichung. Salpetersäure ist ein energisches Oxydationsmittel.

z. B. $6FeSO_4 + 3H_2SO_4 + 2HNO_3 = 4H_2O + 2NO + 3Fe_2(SO_4)_3$

4) Salpetrige Säure: Salpetrige Säure wirkt oxydierend, indem sie in Sauerstoff und in Stickoxyd oder freien Stickstoff zerfällt.

$$2HNO_2 = H_2O + 2NO + O$$
$$2HNO_2 = H_2O + 2N + 3O$$

Nach der ersten Gleichung zerlegt salpetrige Säure z. B. Jodwasserstoff, nach der zweiten Ammoniumhydroxyd.

z. B.

$$HJ + HNO_2 = H_2O + NO + J$$
$$NH_4OH + HNO_2 = 3H_2O + 2N$$

Salpetrige Säure gehört zu den milderen Oxydationsmitteln.

5) Chromsäure: Chromsäure oxydiert dadurch, daß sie unter Sauerstoffabgabe in Chromioxydhydrat resp. dessen Salze übergeht. Sie ist eines der stärksten Oxydationsmittel.

$$H_2Cr_2O_7 = Cr_2O_3 + H_2O + 3O.$$

Besonders in der organischen Chemie wird Chromsäure vielfach benutzt.

6) Halogene (namentlich Chlor und Brom): Die Halogene wirken dadurch oxydierend, daß sie Wasser zu Halogenwasserstoffsäure und Sauerstoff umsetzen; oder dadurch, daß sie sich an den zu oxydierenden Stoff anlagern.

$$2\,Cl + H_2O = 2\,HCl + O$$

z. B. $MnCl_2 + 4\,NaOH + 2\,Br = MnO_2 + 2\,NaCl + 2\,NaBr + 2\,H_2O$

$$FeCl_2 + Cl = FeCl_3$$

7) Übermangansäure: Die Übermangansäure wird in Gestalt ihres Kaliumsalzes $KMnO_4$, neuerdings auch ihres leichter löslichen Calciumsalzes $Ca(MnO_4)_2$ verwandt, welche in sauerstoffärmere Manganverbindungen, Kalium- resp. Calciumhydroxyd und Sauerstoff, zerfallen. Die Wirkung des Kaliumpermanganats ist theoretisch und an Beispielen beim Abschnitte Mangan (Seite 88 und 89) eingehend besprochen.

In saurer Lösung: $2\,KMnO_4 + 3\,H_2SO_4 = K_2SO_4 + 2\,MnSO_4 + 3\,H_2O + 5\,O$

In alkalischer Lösung: $2\,KMnO_4 + H_2O = 2\,KOH + 2\,MnO_2 + 3\,O$

Reduktion.

Der der Oxydation entgegengesetzte Vorgang ist die Reduktion; sie besteht darin, daß einem Stoffe Wasserstoff zugeführt oder Sauerstoff entzogen wird, oder darin, daß Derivate einer sauerstoffreicheren Verbindung in solche einer sauerstoffärmeren Verbindung übergeführt werden.

$$S + 2\,H = H_2S$$
$$HgO - O = Hg$$
$$FeCl_3 - Cl = FeCl_2$$

Die am häufigsten verwandten Reduktionsmittel sind die folgenden:

1) Elementarer Wasserstoff: Elementarer Wasserstoff wirkt mit brauchbarer Geschwindigkeit wohl nur in der Wärme reduzierend.

z. B. $H_2PtCl_6 + 4\,H = 6\,HCl + Pt$ (in warmer, wäßriger Lösung)

$CuO + 2\,H = H_2O + Cu$ (in Glühhitze)

Besonders energisch wirkt nascierender Wasserstoff; so sind für die organische Chemie Gemische von Zink, Eisen, Zinn etc. mit Chlorwasserstoff-, Schwefel- oder Essigsäure wichtige und vielgebrauchte saure Reduktionsmittel. Als alkalisches Reduktionsmittel wirkt Natrium auf alkoholische, oder Natriumamalgam auf wäßrige Lösungen. Als neutrale Reduktionsmittel, deren Wirkung ebenfalls auf der Entwicklung von Wasserstoff beruht, haben sich Zinkstaub oder Aluminiumspäne in Gegenwart von Wasser und einigen wasserlöslichen Salzen wie Calciumchlorid bewährt.

$$Zn + 2\,HCl = ZnCl_2 + 2\,H$$
$$Zn + 2\,H_2O = Zn(OH)_2 + 2\,H$$

2) Schwefelwasserstoff: Schwefelwasserstoff wirkt durch seinen Zerfall in Schwefel und Wasserstoff reduzierend.

$$H_2S = S + 2\,H$$

z. B. $2\,J + H_2S = S + 2\,HJ$

3) Schwefeldioxyd: Schwefeldioxyd nimmt aus Wasser Sauerstoff auf, bildet Schwefeltrioxyd, das sich mit Wasser zu Schwefelsäure vereinigt, und Wasserstoff wird disponibel:

$$SO_2 + 2\,H_2O = H_2SO_4 + 2\,H$$

z. B. $2\,FeCl_3 + 2\,H_2O + SO_2 = 2\,FeCl_2 + H_2SO_4 + 2\,HCl$

4) Stannochlorid (Zinnchlorür): Stannochlorid zerlegt Chlorwasserstoffsäure, wobei Stannichlorid und Wasserstoff entsteht.

$$SnCl_2 + 2\,HCl = SnCl_4 + 2\,H$$

$$\text{z. B.}\quad SnCl_2 + HgCl_2 = SnCl_4 + Hg$$

5) Natriumstannit („Zinnoxydulnatron"): ein wichtiges, in alkalischer Lösung wirkendes Reduktionsmittel; es addiert Sauerstoff, wobei es in Natriumstannat übergeht.

$$Sn(OH)(ONa) + NaOH + O = H_2O + Na_2SnO_3$$

$$\text{z. B.}\quad Bi_2O_3 + 3\,NaHSnO_2 + 3\,NaOH = 3\,H_2O + 2\,Bi + 3\,Na_2SnO_3$$

6) Kohlenstoff: Kohle ist für die unorganisch-chemische Technik das wichtigste Reduktionsmittel; sie nimmt bei Glühhitze Sauerstoff auf und geht in Kohlenoxyd oder Kohlendioxyd über. Auch Kohlenoxyd wirkt reduzierend.

$$C + O = CO \qquad C + 2\,O = CO_2$$

$$\text{z. B.}\quad PbO + C = CO + Pb$$

7) Jodwasserstoff: Jodwasserstoff wird namentlich in der organischen Chemie viel als energisches Reduktionsmittel benutzt; er zerfällt in Jod und Wasserstoff.

$$HJ = J + H$$

Oxydation und Reduktion gehen stets Hand in Hand: ein Stoff oxydiert einen anderen, indem er sich selbst reduziert und umgekehrt.

6. Kupfergruppe.

Als „Kupfergruppe" seien die Metalle Kupfer Cu, Quecksilber Hg, Silber Ag zusammengefaßt, denen sich das Gold Au, das hier nicht näher behandelt werden soll, anschließen würde. Bei den Metallen dieser Gruppe sind die metallischen Eigenschaften ganz besonders ausgeprägt. Die drei Metalle Quecksilber, Silber, Gold sind ausgesprochen edle Metalle; ihre Oxyde geben beim Erhitzen Sauerstoff ab und gehen in die Metalle über. Auch das Kupferoxyd gibt beim Erwärmen mit organischen Stoffen leicht seinen Sauerstoff an diese ab und oxydiert sie zu Kohlendioxyd und Wasser, während es selbst in Metall übergeht.

Alle Metalle der Kupfergruppe kommen in einwertiger Form vor und bilden einander entsprechende Halogenverbindungen, die in Wasser unlöslich sind. Das Silber ist nur einwertig; vom Kupfer und Quecksilber bestehen außerdem Verbindungsreihen, in denen das Metall zweiwertig ist, vom Gold eine solche, in der es dreiwertig ist. Die Sulfide sind im Gegensatze zu den unbeständigen Oxyden sehr wenig löslich und deshalb sehr beständig; sie fallen aus angesäuerter Lösung ihrer Metalle beim Einleiten von Schwefelwasserstoff aus. Das beständigste Sulfid (nicht nur dieser Reihe, sondern von allen Metallen überhaupt) ist das Mercurisulfid, das nicht einmal von konzentrierter, warmer Salpetersäure gelöst wird. Die große Neigung der Metalle dieser und der folgenden Gruppe, frei als solche zu bestehen, zeigt sich darin, daß sie aus ihren Salzlösungen leicht durch die Metalle der schon besprochenen Gruppen ausgefällt werden; so geht eine Cuprisulfatlösung mit Eisenmetall in eine Ferrosulfatlösung und metallisches Kupfer über.

Als Formelschema seien die wichtigsten einfachen Verbindungen des Quecksilbers und Goldes angegeben:

Oxydulreihe	Oxydreihe
Mercurooxyd Hg_2O	Mercurioxyd HgO
Mercurochlorid $HgCl$	Mercurichlorid $HgCl_2$
Mercuronitrat $HgNO_3$	Mercurinitrat $Hg(NO_3)_2$
	Mercurisulfid HgS
Aurooxyd Au_2O	Aurioxyd Au_2O_3
Aurochlorid $AuCl$	Aurichlorid $AuCl_3$

Kupfer.

Das Kupfer ist ein hellrotes Metall, das sich oberflächlich durch Sauerstoffaufnahme dunkel färbt. Es schmilzt bei 1083°: ein nicht zu dicker Kupferdraht kann in der Flamme des Bunsenbrenners zum Schmelzen gebracht werden; dabei wird die Flamme zunächst durch Verflüchtigung von etwas Chlorid grün gefärbt, das sich aus dem Kupfer und dem in Verunreinigungen (Staub, Hautsekret) enthaltenen Chloriden bildet; wenn nach kurzer Zeit das Cuprichlorid verdampft ist, hört die Grünfärbung der Flamme auf. Läßt man den Draht erkalten, berührt ihn mit den Fingern oder benetzt ihn mit etwas Chlorwasserstoffsäure und glüht wieder, so tritt die Grünfärbung der Flamme von neuem auf. Dies ist eine sehr empfindliche Probe auf Halogen, die man in der organischen Chemie vielfach anwendet; zweckmäßig benutzt man dabei ein Körnchen Cuprioxyd, das an einen Platindraht gebunden ist und nach dem Ausglühen immer wieder gebraucht werden kann.

Kupferverbindungen färben die Phosphorsalzperle grün; bringt man zu der grünen Perle ein Stückchen Zinn und glüht nochmals, so wird die Perle dunkelrot — etwa von der Farbe des Packsiegellacks —, indem das Natriumcupriphosphat $NaCuPO_4$, das in der Perle enthalten ist, zu sich ausscheidendem Cuprooxyd reduziert wird. Man stelle den Versuch an, nehme aber möglichst wenig Zinn, da der Platindraht durch schmelzendes Zinn angegriffen und zum Schmelzen gebracht wird.

Beim Auflösen von Kupfer in warmer Salpetersäure oder heißer konzentrierter Schwefelsäure entstehen Salze der Oxydreihe, die sich vom zweiwertigen Kupfer ableiten. Unter gewissen Reduktionswirkungen gehen einige von ihnen in Verbindungen der Oxydulreihe, die sich vom einwertigen Kupfer ableiten, über. Von diesen sind außer dem Cuprooxyde in festem Zustande nur noch die Halogenverbindungen, das Cyanid, Cyanat, Thiocyanat etc. bekannt, nicht aber ein Nitrat und Sulfat.

Natriumhydroxyd: Man versetze eine Probe Cuprisulfatlösung mit etwas Natriumhydroxydlösung; es fällt mattgrünlichblaues Cuprihydroxyd aus, das beim Aufkochen der Masse zuerst braun und weiterhin schwarz wird, indem es unter Wasserabspaltung in wasserärmere Cuprioxydhydrate von wechselnder Zusammensetzung übergeht.

$$CuSO_4 + 2\,NaOH = Cu(OH)_2 + Na_2SO_4$$
$$3\,Cu(OH)_2 = 2\,H_2O + 3\,CuO,\ H_2O \text{ etc.}$$

Beim Glühen gehen diese Cuprioxydhydrate in Cuprioxyd CuO über.

Ammoniak: fällt, wenn in geringer Menge zugesetzt, ebenfalls Cuprihydroxyd. Ein Überschuß von Ammoniak löst die Fällung mit tiefblauer Farbe zu komplexem Cupriammoniaksulfat (Tetrammincuprisulfat). Wichtige Erkennungsprobe.

$$CuSO_4 + 2\,NH_4OH = Cu(OH)_2 + (NH_4)_2SO_4$$
$$Cu(OH)_2 + (NH_4)_2SO_4 + 2\,NH_3 = 2\,H_2O + [Cu(NH_3)_4]SO_4$$

Natriumcarbonat: fällt basisches Cupricarbonat von wechselnder Zusammensetzung.

Kaliumferrocyanid: fällt braunes, mehr oder weniger kaliumhaltiges Cupriferrocyanid.

$$2\,CuSO_4 + K_4[Fe(CN)_6] = Cu_2[Fe(CN)_6] + 2\,K_2SO_4$$

Schwefelwasserstoff oder Ammoniumsulfid: fällen braunschwarzes Cuprisulfid; dieses geht bei längerem Auswaschen mit destilliertem Wasser leicht in den kolloïdalen Zustand über, „läuft dann mit durchs Filter“ und scheidet sich im schwefelwasserstoff- und salzhaltigen Filtrate als lichtes, bräunliches Wölkchen wieder aus. Namentlich beim Fällen mit Ammoniumsulfid kann Cuprisulfid in erheblicher Menge kolloïdal gelöst bleiben.

$$CuSO_4 + H_2S = CuS = H_2SO_4$$

Kaliumcyanid: Wird frisch bereitete Kaliumcyanidlösung tropfenweise zu Cuprisulfatlösung gesetzt, so fällt unbeständiges, hellbraunes Cupricyanid aus; es wird bald heller und zuletzt — schneller beim Erwärmen — weiß, indem es unter Cyanabgabe in Cuprocyanid übergeht.

$$CuSO_4 + 2\,KCN = Cu(CN)_2 + K_2SO_4$$
$$2\,Cu(CN)_2 = (CN)_2 + 2\,CuCN$$

Der Übergang in Cuprocyanid geht auf Zusatz von Schwefeldioxydlösung rasch vor sich, da Schwefeldioxyd die abzuspaltenden Cyangruppen zu Cyanwasserstoff reduziert und dadurch die Abspaltung unterstützt.

Fährt man mit dem Zusatze von Kaliumcyanidlösung fort, so löst sich das Kupfercyanid unter Bildung farblosen, komplexen Kaliumcuprocyanids auf: $K_2[Cu(CN)_3]$. Das Anion dieses Salzes $[Cu(CN)_3]''$ ist sehr beständig, d. h. außerordentlich wenig dissoziiert; infolgedessen gibt die Lösung keine Kupferreaktionen mehr. Man gebe zu einer Probe etwas Natriumhydroxydlösung: es fällt nichts aus; man füge alsdann etwas Ammoniumsulfidlösung hinzu: es erfolgt ebenfalls keine Fällung[1]). Zu einer zweiten Probe der farblosen Flüssigkeit setze man etwas Chlorwasserstoffsäure,

[1]) Man beachte das abweichende Verhalten des Kaliumcadmiumcyanids.

wodurch die Cuprocyanwasserstoffsäure in Freiheit gesetzt wird, die aber sofort in Cyanwasserstoff und Cuprocyanid zerfällt, das sich in weißen Flocken ausscheidet.

Kaliumthiocyanat: Cuprisulfatlösung gibt auf Zusatz einer Lösung von Kaliumthiocyanat einen schwarzen, unbeständigen Niederschlag von Cuprithiocyanat.

$$CuSO_4 + 2\,KSCN = Cu(SCN)_2 + K_2SO_4$$

Setzt man reichlich Schwefeldioxydlösung hinzu, so wird der schwarze Niederschlag heller und nach einiger Zeit weiß: er wird zu Cuprothiocyanat reduziert. Dieses ist in Wasser außerordentlich wenig löslich und wird deshalb zur quantitativen Fällung von Kupfer verwandt.

$$2\,Cu(SCN)_2 + SO_2 + 2\,H_2O = 2\,CuSCN + 2\,HSCN + H_2SO_4$$

Kaliumjodid: fällt unter Abscheidung von Jod weißes Cuprojodid.

$$CuSO_4 + 2\,KJ = CuJ + J + K_2SO_4$$

Durch Zugabe von Schwefligsäurelösung wird das braune Jod zu Jodwasserstoff reduziert, und die weiße Farbe des Cuprojodidniederschlages wird erkennbar.

Fehlingsche Lösung: Man gebe zu einer Probe Cuprisulfatlösung etwa den doppelten Raumteil Weinsäurelösung und dann Natriumhydroxydlösung. Es entsteht eine tiefblaue Lösung, die das Natriumsalz der Cupriweinsäure enthält (vgl. S. 74).

$$2\,CuSO_4 + \underset{\text{(Weinsaures Natrium)}}{Na_2[C_4H_4O_6]} + 4\,NaOH = 2\,H_2O + 2\,Na_2SO_4 + Na_2[C_4H_4O_8Cu_2]$$

Diese Lösung führt den Namen „Fehlingsche Lösung". Sie wird in der organischen Chemie vielfach als gelindes Oxydationsmittel benutzt. Die Oxydationswirkung beruht darauf, daß das in der Fehlingschen Lösung in der Cupriform enthaltene Kupfer unter Sauerstoffabgabe in die Cuproform übergeht.

$$Na_2[C_4H_4O_8Cu_2] = Cu_2O + O + \underset{\text{(Weinsaures Natrium)}}{Na_2[C_4H_4O_6]}$$

Man setze zu einer Probe Fehlingscher Lösung ein wenig Traubenzuckerlösung und erwärme die Mischung. Es scheidet sich zuerst gelbes, bald dichter und dabei rot werdendes Cuprooxyd ab. Diese Probe wird in der physiologischen Chemie zum Nachweise von Zucker im Harne etc. benutzt.

Eisen: Etwas blankes Eisen, etwa eine saubere Messerklinge werde mit Cuprisulfatlösung benetzt. Es scheidet sich Kupfer ab, während eine äquivalente Masse Eisen sich löst. Aus diesem Grunde haftet die Kupferschicht nicht fest am Eisen, sondern läßt sich leicht abwischen.

Elektroaffinität.

Die Ionen haben eine verschieden große Haftfestigkeit für ihre Elektrizitätsladungen. Einige Ionen halten sie sehr fest; man nennt sie „starke Ionen", z. B. $K^{\cdot}$, $Na^{\cdot}$, $Li^{\cdot}$, $Ba^{\cdot\cdot}$, $Sr^{\cdot\cdot}$, $Ca^{\cdot\cdot}$, F', NO_3', Cl', Br', J', SO_4''. Andere Ionen halten ihre Ladung nur wenig fest; man nennt sie „schwache Ionen", z. B. die Edelmetalle, ferner OH', CN', O'', S''. Die übrigen Ionen nehmen eine mittlere Stellung ein. Elemente, die starke Ionen liefern, sind als Elemente wenig beständig und deshalb schwer darstellbar, so die Alkali- und Erdalkalimetalle und das Fluor. Man nennt die Festhaftefähigkeit eines Ions für seine Elektrizitätsladung „Elektroaffinität".

Kommt ein Element mit starker Elektroaffinität mit einem Ion von geringer Elektroaffinität zusammen, so geht die Elektrizitätsladung des letzteren auf das erstere über. Einige Beispiele mögen das erläutern:

Eisen hat eine größere Elektroaffinität als Kupfer. Aus diesem Grunde fällt Eisen, wie wir eben gesehen haben, das Kupfer aus seinen Salzlösungen aus.

$$Fe + Cu^{\cdot\cdot} = Fe^{\cdot\cdot} + Cu$$

Ganz entsprechend wird Quecksilber durch Silber, Silber durch Kupfer, Kupfer durch Blei, Blei durch Zink aus den entsprechenden Salzlösungen gefällt.

Eisen hat eine größere Elektroaffinität als Wasserstoff, also löst es sich unter Wasserstoffentwicklung in verdünnter Chlorwasserstoffsäure oder verdünnter Schwefelsäure.

$$Fe + H^{\cdot} + H^{\cdot} = Fe^{\cdot\cdot} + 2H$$

Kupfer hat eine geringere Elektroaffinität als Wasserstoff; also löst es sich nicht in den genannten verdünnten Säuren unter Wasserstoffentwicklung auf, falls nicht die elektrische Entladung der Wasserstoffionen durch besondere oxydierende Einflüsse erleichtert wird.

Chlor ist stärker elektroaffin als Brom, und dieses wieder stärker als Jod. Dadurch erklärt sich die Erscheinung, daß freies Chlor aus Bromiden und Jodiden Brom und Jod als Elemente frei macht, und daß Brom aus Jodiden Jod abscheidet.

$$Cl + Br' = Cl' + Br$$
$$Br + J' = Br' + J$$

Quecksilber.

Quecksilber ist ein silberfarbenes, flüssiges Metall, das bei 357° siedet und bei −38.8° fest wird. Bei längerem Erwärmen an der Luft auf etwa 360° oxydiert es sich unter Aufnahme von Sauerstoff zu Mercurioxyd, welches bei Glühhitze unter Abgabe des aufgenommenen Sauerstoffs wieder zerfällt. Quecksilber löst die meisten Metalle dieser und der folgenden Gruppen zu „Amalgamen" auf, ebenso die Alkalimetalle und die Erdalkalimetalle.

Man erhitze in einem trocknen Probierglase eine Messerspitze Mercurioxyd so stark, daß das Glas zu erweichen beginnt; dabei färbt sich das Oxyd dunkler, und bald bildet sich in den kälteren Teilen des Probierglases ein grauer, metallisch glänzender Beschlag, der allmählich stärker wird und deutlich getrennte Quecksilbertröpfchen erkennen läßt. Ein mit einer Pinzette tief in das Probierglas getauchtes, glimmendes Streichholz flammt auf. Man bringe ein wenig des so gewonnenen Quecksilbers — eventuell mit etwas Filtrierpapier — auf einen blanken Pfennig zu einem Tropfen verdünnter Salpetersäure und reibe mit einem Bäuschchen Filtrierpapier: das Kupfer überzieht sich mit einer Schicht Kupferamalgam und Quecksilber; es ist „verquickt". Beim Erwärmen geht der Quecksilberüberzug wieder fort.

Quecksilber löst sich in heißer, konzentrierter Schwefelsäure zu Mercurisulfat; in Salpetersäure je nach der Temperatur und der Konzentration zu Mercuronitrat oder zu Mercurinitrat; ersteres bildet sich bei Verwendung von verdünnter Salpetersäure und ohne Erwärmung.

Man verwende zu den folgenden Umsetzungen der Mercuroverbindungen etwas Mercuronitratlösung des Laboratoriums.

Natriumhydroxyd: schwarzes, unbeständiges Mercurooxyd, das beim Erwärmen der Masse oder bei längerer Belichtung in ein Gemisch von Mercurioxyd und fein verteiltem Quecksilber zerfällt.

$$2\,HgNO_3 + 2\,NaOH = Hg_2O + H_2O + 2\,NaNO_3$$
$$Hg_2O = HgO + Hg$$

Ammoniak: Verdünnte Ammoniaklösung fällt einen schwarzen Niederschlag.

Chlorwasserstoffsäure und Chloride: fällen weißes, schweres Mercurochlorid (Quecksilberchlorür, „Kalomel") aus.

$$HgNO_3 + NaCl = HgCl + NaNO_3$$

Kaliumjodid: Wird wenig Kaliumjodidlösung zu Mercuronitratlösung gesetzt, so fällt ein dunkelgrüngelber Niederschlag von Mercurojodid; bei Zutritt von Luft oder beim Erwärmen der Mischung geht das Mercurojodid in ein Gemisch von rotem Mercurijodid und feinst verteiltem, grauem Quecksilber über; ersteres löst sich auf Zusatz eines Kaliumjodidüberschusses auf, letzteres bleibt, so daß die Fällung dann rein grau erscheint.

$$HgNO_3 + KJ = HgJ + KNO_3$$
$$2\,HgJ = HgJ_2 + Hg$$

Schwefelwasserstoff: fällt schwarzes Mercurosulfid, das sofort in ein Gemisch von Mercurisulfid und Quecksilber zerfällt.

$$2\,HgNO_3 + H_2S = Hg_2S + 2\,HNO_3$$
$$Hg_2S = HgS + Hg$$

Man koche 1 cm³ Mercuronitratlösung mit 1 cm³ reiner, rauchender Salpetersäure, bis braune Dämpfe nicht mehr entweichen, und bis

Natriumhydroxydlösung aus einer Probe rein gelbrotes Mercurioxyd fällt; dann ist die Mercuronitratlösung zu Mercurinitratlösung oxydiert.

$$2\,HgNO_3 + 2\,HNO_3 + O = H_2O + 2\,Hg(NO_3)_2$$

Eine von überschüssiger Säure freie Lösung desselben Mercurinitrats erhält man durch kurzes Aufkochen von etwas Mercurioxyd mit wenig verdünnter Salpetersäure und Abfiltrieren der Lösung vom überschüssigen Mercurioxyd. Die so bereitete Lösung, die gewöhnlich etwas basisches Salz enthält, werde zu den folgenden Umsetzungen der Mercurisalze benutzt.

Natriumhydroxyd: Zu einer Probe Mercurinitratlösung werde sehr wenig Natriumhydroxydlösung gesetzt: es fällt braunrotes, basisches Mercurinitrat. Setzt man mehr Natriumhydroxydlösung hinzu, so wird die Farbe des Niederschlages gelb, indem er in Mercurioxyd übergeht.

$$Hg(NO_3)_2 + NaOH = Hg{<}{}^{OH}_{NO_3} + NaNO_3$$

$$Hg(OH)NO_3 + NaOH = H_2O + HgO + NaNO_3$$

Das durch Fällung bereitete Mercurioxyd sieht gelb, das durch Glühen von Mercurinitrat bereitete sieht rot aus. Ersteres ist feiner verteilt und deshalb reaktionsfähiger als letzteres, weswegen es in den chemischen Laboratorien vorzugsweise benutzt wird.

Natriumcarbonat: fällt braunrotes, basisches Mercuricarbonat von wechselnder Zusammensetzung.

Natriumhydrocarbonat: wirkt ebenso (vgl. den Abschnitt über Mercurichlorid und Mercuricyanid, Seite 100), Die Natriumhydrocarbonatlösung werde durch etwa fünfminutenlanges Schütteln von festem Natriumhydrocarbonat mit Wasser bei Zimmertemperatur und Filtrieren hergestellt.

Ammoniak: gibt einen weißen Niederschlag, der aus Amidomercurinitrat und Oxydimercuriammoniumnitrat besteht:

$$Hg{<}{}^{NH_2}_{NO_3} + O{<}{}^{Hg}_{Hg}{>}NH_2\cdot NO_3$$

Kaliumjodid erzeugt, wenn in geringer Menge zugesetzt, einen hellroten Niederschlag von Mercurijodid.

$$Hg(NO_3)_2 + 2\,KJ = HgJ_2 + 2\,KNO_3$$

Ein Überschuß von Kaliumjodidlösung löst das Mercurijodid zu einer gelben Lösung vom Kaliumsalze der komplexen Mercurijodwasserstoffsäure.

$$HgJ_2 + 2\,KJ = K_2[HgJ_4]$$

Aus dieser Lösung kann durch Natriumhydroxydlösung keine Quecksilberverbindung gefällt werden, weil das Mercurijodwasserstoffanion $[HgJ_4]''$ seinerseits kaum dissoziiert ist. Erst auf Zusatz von Ammoniumsulfid fällt Mercurisulfid aus.

Eine stark alkalische Lösung von Kaliummercurijodid wird als empfindliches Reagens auf Ammoniak unter dem Namen „Neßlers Reagens" verwandt. Man setze zu einem Becherglase voll destillierten Wassers einen Tropfen Ammoniaklösung und etwa 1 cm^3 Neßlersches Reagens; sofort färbt sich die Flüssigkeit gelb, bald gelbbraun, und bei längerem Stehen scheiden sich braune Flöckchen aus, falls der Ammoniakgehalt nicht gar zu gering war. Zur Vollendung dieser Umsetzung ist — wie manchmal bei komplexen Umsetzungen — einige Zeit nötig. Der Niederschlag besteht wahrscheinlich aus Oxydimercuriammoniumjodid:

$$O<\genfrac{}{}{0pt}{}{Hg}{Hg}>NH_2.J$$

Schwefelwasserstoff oder Ammoniumsulfid: fällen das außerordentlich beständige, schwarze Mercurisulfid.

$$Hg(NO_3)_2 + H_2S = HgS + 2\,HNO_3$$

Man lasse den Niederschlag sich absetzen, gieße die Lösung vom schwarzen Niederschlage ab, wasche einmal durch Dekantieren mit Wasser nach und erwärme den Rückstand mit etwas konzentrierter Salpetersäure; er löst sich nicht oder nur zum Teil, wird aber weiß, indem er in eine unlösliche Doppelverbindung von Mercurisulfid und Mercurinitrat übergeht. Dies Verhalten ist für die Analyse zu merken. Dieselbe helle Verbindung fällt beim Einleiten von Schwefelwasserstoff in Mercurisalzlösungen meist auch zuerst aus und geht erst während der weiteren Einwirkung von Schwefelwasserstoff in das schwarze Sulfid über.

Stannochlorid: fällt, wenn in geringer Menge zugesetzt, weißes Mercurochlorid. Wichtige Erkennungsprobe.

$$2\,Hg(NO_3)_2 + SnCl_2 + 4\,HCl = 2\,HgCl + SnCl_4 + 4\,HNO_3$$

Wird ein Überschuß von Stannochloridlösung angewandt, so wird das Mercurochlorid weiter zu metallischem Quecksilber reduziert, das in feinster Verteilung in der Flüssigkeit teils kolloïdal gelöst, teils grau aufgeschwemmt bleibt und sich erst nach langem Stehen zu Boden setzt; nach Abgießen der Lösung vereinigt es sich beim Aufkochen mit verdünnter Chlorwasserstoffsäure zu einem Quecksilbertröpfchen.

$$2\,HgCl + SnCl_2 = 2\,Hg + SnCl_4$$

Harnstoff: Wird eine nicht zu verdünnte Harnstofflösung zu einer Probe Mercurinitratlösung gesetzt, so fällt ein kompliziert zusammengesetzter, weißer Niederschlag aus, auf dessen Bildung die quantitative Bestimmung des Harnstoffs nach der Liebigschen Titriermethode beruht.

Mercurichlorid und Mercuricyanid.

Eine eigene Stellung nehmen unter den Mercuriverbindungen die Salze der Halogenwasserstoffsäuren und der Cyanwasserstoffsäure ein. Sie haben die merkwürdige Eigenschaft, außerordentlich wenig elektrolytisch gespalten zu sein — namentlich das Cyanid. Infolgedessen weichen sie in einigen Umsetzungen von den übrigen Mercurisalzen ab. Die geringe elektrolytische Dissoziation zeigt sich bei der Bestimmung der elektrischen Leitfähigkeit der Lösungen, die ergibt, daß Mercurichlorid- und Mercuribromidlösungen wenig, Mercuricyanidlösung fast gar nicht leiten. Auch findet man bei Molekelgewichtsbestimmungen der in Wasser gelösten Salze die Molekelgewichte der unzersetzten Stoffe.

Man versetze eine Probe Mercurichloridlösung mit frisch ohne Erwärmen bereiteter Natriumhydrocarbonatlösung; es entsteht kein Niederschlag, vorausgesetzt, daß die Natriumhydrocarbonatlösung frei von neutralem Natriumcarbonat war.

Eine zweite Probe werde mit Harnstofflösung versetzt; es entsteht ebenfalls kein Niederschlag.

Eine Probe festes Mercurichlorid werde mit etwas konzentrierter Schwefelsäure in einem Probierglase erhitzt: es entweicht kein Chlorwasserstoff. Beim Sieden der Schwefelsäure destilliert mit ihren Dämpfen unzersetztes Mercurichlorid hoch und verdichtet sich in den kälteren Teilen des Probierglases zu Krystallnadeln.

Diese drei Versuche zeigen, daß das Mercurichlorid weniger reaktionsfähig ist als das Nitrat, was nach dem oben Gesagten verständlich ist.

Die gleichen Resultate erhält man, wenn man die Versuche mit einer Mercurinitratlösung anstellt, die mit Natriumchloridlösung versetzt ist; nach dem Satze, daß sich in der Lösung immer die am wenigsten dissoziierte Verbindung bildet, setzen sich die Salze zu Mercurichlorid und Natriumnitrat um. Hierin liegt der Grund, weshalb bei der Liebigschen Harnstoffbestimmung im Harne nur reine Mercurinitratlösung und ein von Chloriden befreiter Harn verwandt werden darf.

Zu einer Probe Mercuricyanidlösung setze man etwas Natriumhydroxydlösung: es fällt nichts aus; ebensowenig, wenn etwas Kaliumjodidlösung hinzugesetzt wird. Erst auf Ammoniumsulfidzusatz tritt Fällung von Mercurisulfid ein.

Eine Probe Mercurioxyd werde mit etwas frisch bereiteter Kaliumcyanidlösung übergossen; sie löst sich zu Mercuricyanid auf — eine der wenigen Umsetzungen, bei denen in Gegenwart von Wasser, ohne daß sich ein Niederschlag absondert, Kaliumhydroxyd frei wird.

$$HgO + 2KCN + H_2O = Hg(CN)_2 + 2KOH$$

Mit der geringen Dissoziation des Mercuricyanids hängt es zusammen, daß dies Salz kaum mehr giftig wirkt, während der basische wie der saure Bestandteil des Salzes für sich heftige Gifte darstellen.

Eine dem Mercurichlorid und Mercuricyanid ähnliche, wenn auch nicht so starke Anomalie zeigen die Halogensalze des Cadmiums und in noch geringerem Grade die des Zinks. So läßt sich aus einer Cadmiumjodidlösung das Cadmium nur schwierig und unvollständig durch Schwefelwasserstoff ausfällen. Bei Molekelgewichtsbestimmungen erhält man beinahe die für die nicht gespaltenen Verbindungen berechneten Werte.

Noch weiter werden die Verhältnisse dadurch kompliziert, daß sich an die in wäßriger Lösung vorhandenen Ionen des Salzes andere nicht ionisierte Molekeln desselben Salzes unter Bildung komplexer Ionen anlagern: „Autokomplexbildung". Damit steht im Einklange, daß auch das feste Cadmiumsulfat aus komplizierteren Molekeln besteht, wie der Krystallwassergehalt lehrt; es gibt ein krystallisiertes Cadmiumsulfat von der Formel $3\,CdSO_4 + 5\,H_2O$ und ein zweites von der Formel $3\,CdSO_4 + 8\,H_2O$.

Silber.

Das Silber ist ein weißes Metall von charakteristischem, nach ihm benannten Glanze. Es schmilzt bei 961°; es löst sich in Salpetersäure oder in heißer konzentrierter Schwefelsäure.

Silber kommt in seinen Verbindungen nur in einwertiger Form vor. Die einzige Komplikation ist die, daß es Neigung hat, komplexe Baseionen mit Ammoniak, komplexe Säureionen mit Thioschwefelsäure $H_2S_2O_3$ und Cyanwasserstoff zu bilden.

Eine Methode zur Reindarstellung von Silber beruht auf der Schwerlöslichkeit seines Chlorids. Man löse eine silberhaltige Münze (Fünfzigpfennigstück) in wenig konzentrierter Salpetersäure, der einige Tropfen Wasser zugesetzt sind, auf, verdünne die Lösung mit Wasser und füge so viel Chlorwasserstoffsäure unter Umrühren hinzu, bis eine neu hinzugesetzte Probe Chlorwasserstoffsäure keinen weiteren Niederschlag erzeugt. Der dichte, käsig-flockige Niederschlag werde auf einem glatten Filter gesammelt und gründlich mit destilliertem Wasser ausgewaschen; das durchfließende Waschwasser darf schließlich nicht mehr sauer reagieren. Dabei vergesse man nicht, auch auf das Auswaschen des Filtrierpapiers Wert zu legen: man spritze mit der Spritzflasche einige Male über dem oberen Rande des Filters entlang auf die Trichterwandung; das von dort herabfließende Waschwasser durchzieht dann die gesamte Papiermasse des Filters und entfernt die fremden Stoffe auch aus seinem oberen Rande, in dem sich gern fremde Stoffe — in unserem Falle Kupfersalze und überschüssige Säure — festsetzen. Dann bringe man das Chlorid in eine Abdampfschale, übergieße es mit etwas verdünnter Chlorwasserstoffsäure, lege ein Stängelchen reines Zink in den Brei und lasse einige Zeit stehen. Sofort beginnt das Silberchlorid sich in der Nähe des Zinks zu bräunen und geht in 5 bis 10 Minuten in eine graubraune, schwammige Masse von reinem Silber über. Silber hat also geringere Elektroaffinität als Zink.

$$2\,AgCl + Zn = 2\,Ag + ZnCl_2$$

Man entferne nun das Zinkstückchen und wasche das entstandene Zinkchlorid und die Chlorwasserstoffsäure sorgfältig mit heißem, destilliertem Wasser fort; am besten kocht man das Silber in der Abdampfschale mehrfach mit destilliertem Wasser auf und gießt jedesmal vorsichtig ab, ehe man die Masse aufs Filter bringt. Schließlich löse man das Silber in möglichst wenig Salpetersäure auf.

Diese Lösung benutze man zu den folgenden Versuchen; das Übrigbleibende hebe man für spätere Fälle auf. Alle silberhaltigen Abfälle, wie Niederschläge und Lösungen werden in einem im Laboratorium zu diesem Zwecke aufgestellten Glase gesammelt: „Silberreste". Gelegentlich mögen diese wieder auf reines Silber verarbeitet werden.

Natriumhydroxyd: fällt braunes Silberoxyd.

$$2\,AgNO_3 + 2\,NaOH = Ag_2O + H_2O + 2\,NaNO_3$$

Natriumcarbonat: fällt hellgelbes Silbercarbonat, das beim Erhitzen der Mischung Kohlendioxyd abspaltet und in Silberoxyd übergeht.

$$2\,AgNO_3 + Na_2CO_3 = Ag_2CO_3 + 2\,NaNO_3$$

Ammoniak: fällt, wenn in sehr kleiner Menge zugesetzt, ebenfalls Silberoxyd; der geringste Überschuß löst das ausgefällte Silberoxyd zu einem komplexen Salze. Aus der Lösung dieses Salzes, die kaum noch Silberionen, sondern fast ausschließlich Silberammoniakionen $[Ag(NH_3)_2]^{\cdot}$ enthält, fällen Chloride kein Silberchlorid. Säuert man die Lösung mit Chlorwasserstoffsäure an, so wird das Silberammoniaknitrat zersetzt, indem es sich zu Silberchlorid, Ammoniumchlorid und Ammoniumnitrat umsetzt.

$$[Ag(NH_3)_2]NO_3 + 2\,HCl = AgCl + NH_4Cl + NH_4NO_3$$

Aus der Silberammoniakchloridlösung fällt ferner Natriumhydroxydlösung kein Silberoxyd; aber Ammoniumsulfid fällt Silbersulfid.

Das Silberammoniakion liefert in sekundärer Ionisation also eine sehr geringe Menge Silberionen; die Konzentration dieser Silberionen ist zu gering, um mit den Hydroxylionen des Natriumhydroxyds das Löslichkeitsprodukt des Silberoxyds zu überschreiten; sie ist aber groß genug, um mit der Konzentration der Schwefelionen des Ammoniumsulfids ein höheres Konzentrationsprodukt zu geben als das Löslichkeitsprodukt des Silbersulfids.

Ausgewaschenes Silberoxyd löst sich nicht in Ammoniaklösung auf, sondern geht mit ihr in den sehr explosiven, unlöslichen Silberstickstoff Ag_3N über; dagegen würde es sich in ammoniakalischen Ammoniumsalzlösungen zu den Silberammoniaksalzen lösen. Aus einer freie Salpetersäure enthaltenden Silbernitratlösung wird durch Ammoniak überhaupt kein Silberoxyd gefällt.

Chlorwasserstoffsäure und Chloride: fällen Silberchlorid, das sich in Ammoniaklösung leicht und vollständig zu Silberammoniakchlorid löst. Wichtige Erkennungsprobe.

Während sich Silberchlorid in schwach chlorwasserstoffhaltigem Wasser weniger löst als in reinem Wasser (Wirkung eines gleichionigen

Zusatzes, löst es sich in starker Chlorwasserstoffsäure merklich — wenn auch nicht reichlich. Wahrscheinlich bildet sich dabei Silberchlorwasserstoffsäure $H[AgCl_2]$. Ganz entsprechend löst sich Cuprochlorid in konzentrierter Chlorwasserstoffsäure reichlich als Cuprochlorwasserstoffsäure $H[CuCl_2]$. Auch Mercurochlorid bildet mit Chlorwasserstoffsäure eine analoge Mercurochlorwasserstoffsäure $H[HgCl_2]$.

Kaliumbromid: Kaliumbromidlösung fällt hellgelbes Silberbromid, das in Ammoniaklösung schwer löslich ist.

Kaliumjodid: Kaliumjodidlösung fällt gelbes Silberjodid, das sich in Ammoniaklösung nicht löst.

Kaliumcyanid: wird eine frisch bereitete Kaliumcyanidlösung, in geringer Menge zugesetzt, so fällt weißes Silbercyanid, das sich mit überschüssiger Kaliumcyanidlösung leicht zum Kaliumsalze der komplexen Silbercyanwasserstoffsäure löst.

$$AgNO_3 + KCN = AgCN + KNO_3$$
$$AgCN + KCN = K[Ag(CN)_2]$$

Aus dieser Lösung fällen weder Natriumhydroxydlösung noch Chloridlösungen Silberverbindungen aus; wohl aber fällt Ammoniumsulfid Silbersulfid aus.

Natriumthiosulfatlösung: fällt, in geringer Menge zugesetzt, weißes Silberthiosulfat.

$$2\,AgNO_3 + Na_2S_2O_3 = Ag_2S_2O_3 + 2\,NaNO_3$$

Der weiße Niederschlag dunkelt beim Stehenlassen bald und scheidet schwarzes Silbersulfid ab.

$$Ag_2S_2O_3 + H_2O = Ag_2S + H_2SO_4$$

Dagegen löst ihn ein Überschuß von Natriumthiosulfatlösung zum Natriumsalze der komplexen Silberthioschwefelsäure.

$$Ag_2S_2O_3 + 3\,Na_2S_2O_3 = 2\,Na_3[Ag(S_2O_3)_2]$$

Aus dieser Lösung fällt Natriumhydroxydlösung kein Silberoxyd, wohl aber fällen Ammoniumsulfid schwarzes Silbersulfid und Kaliumjodid gelbes Silberjodid. Die Konzentration der Silberionen ist also in der Natriumsilberthiosulfatlösung zu klein, um mit der Konzentration der Hydroxylionen des Natriumhydroxyds das Löslichkeitsprodukt des Silberoxyds zu erreichen; aber groß genug, um mit der Konzentration der Schwefelionen des Ammoniumsulfids bzw. der Jodionen des Kaliumjodids die Löslichkeitsprodukte von Silbersulfid bzw. Silberjodid zu überschreiten.

Schwefelwasserstoff oder Ammoniumsulfid: fällen schwarzes Silbersulfid.

$$2\,AgNO_3 + H_2S = Ag_2S + 2\,HNO_3$$

7. Zinngruppe.

Als „Zinngruppe“ seien das Blei Pb und Zinn Sn zusammengefaßt. Beide Metalle verbinden sich beim Erhitzen mit Sauerstoff der Luft zu Oxyden, die bei höherer Hitze nicht wieder in Metalle übergehen, wohl aber durch reduzierende Mittel sich leicht zu Metallen reduzieren lassen; Blei oxydiert sich schon bei Zimmertemperatur oberflächlich und sieht deshalb gewöhnlich mattgrau aus. Zinn schmilzt bei 232°, Blei bei 327°.

In ihren Verbindungen erscheinen sie zwei- und vierwertig. Ihre Hydroxyde sind schwache Basen; starken Alkalien gegenüber erscheinen sie als Säuren und bilden Metalloxydalkaliverbindungen. Die Neigung zur Bildung komplexer Verbindungen ist gering.

Zinn.

Zinn ist ein silberweißes, sehr dehnbares Metall (vgl. Stanniol). In Chlorwasserstoffsäure löst es sich zu Stannochlorid („Zinnchlorür“) $SnCl_2$; starke Salpetersäure verwandelt es in ein weißes, unlösliches, wasserhaltiges Stannioxyd („b-Zinnsäure“ vgl. Seite 20); eine gleich zusammengesetzte, in ihrem chemischen Verhalten aber ganz abweichende „a-Zinnsäure“ fällt aus Stannisalzlösungen bei Zugabe von wenig Alkalimetallhydroxyden. Ein Gemisch von Chlorwasserstoffsäure und wenig Salpetersäure löst es zu Stannichlorid $SnCl_4$, das sich aber sofort durch Hydrolyse in Chlorwasserstoffsäure und kolloïdales Stannioxydhydrat umsetzt. Der Grad der Umsetzung hängt von der Konzentration ab: in konzentrierten Lösungen sind erhebliche Mengen Stannichlorid, in sehr verdünnten fast nur die Produkte der Hydrolyse enthalten. Reines Stannichlorid $SnCl_4$ läßt sich durch Überleiten von trocknem Chlor über geschmolzenes Zinn als farblose, dünnflüssige, bei 114° siedende Flüssigkeit darstellen.

Man löse etwas Stanniol in wenig konzentrierter Chlorwasserstoffsäure auf, verdünne, filtriere und verwende die Lösung zu den Stannoumsetzungen.

Kalium- oder Natriumhydroxyd: fällen, wenn in geringer Menge zugesetzt, Stannohydroxyd, das sich im Überschusse des Alkalimetallhydroxyds zu Natriumstannit („Zinnoxydulnatron“) löst.

$$SnCl_2 + 2\,NaOH = Sn(OH)_2 + 2\,NaCl$$
$$Sn(OH)_2 + NaOH = H_2O + Sn(OH)(ONa)$$

Natriumstannit geht sehr leicht unter Sauerstoffaufnahme in Natriumstannat Na_2SnO_3 über und wird deshalb als Reduktionsmittel benutzt (vgl. Seite 92).

Ammoniak: fällt weißes Stannohydroxyd aus; ein Überschuß löst den Niederschlag jedoch nicht auf.

Mercurichlorid: Mercurichloridlösung wird durch Stannochloridlösung reduziert, vgl. das beim Quecksilber Ausgeführte.

$$2\,HgCl_2 + SnCl_2 = 2\,HgCl + SnCl_4$$
$$2\,HgCl + SnCl_2 = 2\,Hg + SnCl_4$$

Schwefelwasserstoff: fällt braunes Stannosulfid SnS. Stannosulfid löst sich in gelbem — also schwefelhaltigem — Ammoniumsulfid beim Stehenlassen, rascher beim Erwärmen auf.

$$SnCl_2 + H_2S = SnS + 2HCl$$

$$SnS + (NH_4)_2S_2 = (NH_4)_2SnS_3$$

Dabei bildet sich das Ammoniumsalz der im freien Zustande nicht beständigen Thiozinnsäure H_2SnS_3 — einer Säure, die sich von der Zinnsäure H_2SnO_3 dadurch unterscheidet, daß deren Sauerstoff durch Schwefel ersetzt ist. In farblosem Ammoniumsulfid löst sich das Stannosulfid nicht auf, da ein dem Natriumstannit entsprechendes Ammoniumthiostannit nicht beständig ist.

Wird zur Ammoniumthiostannatlösung Chlorwasserstoffsäure gesetzt, so wird im ersten Augenblicke Thiozinnsäure $SnS(SH)_2$ in Freiheit gesetzt, die sich aber sofort in Schwefelwasserstoff und gelbes Stannisulfid SnS_2 spaltet.

$$(NH_4)_2SnS_3 + 2HCl = H_2S + SnS_2 + 2NH_4Cl$$

Zink: fällt metallisches Zinn aus; dieses scheidet sich langsam (in einigen Stunden) fein krystallinisch als schwammige, glitzernde Masse ab. Zink ist also stärker elektroaffin als Zinn.

$$SnCl_2 + Zn = Sn + ZnCl_2$$

Man tropfe zu Stannochloridlösung Bromwasser, bis die gelbe Farbe eben stehen bleibt. Dabei bildet sich zunächst ein Gemisch von Stannichlorid und Stannibromid, die sich aber sofort mit Wasser hydrolytisch reichlich zu Chlorwasserstoff- und Bromwasserstoffsäure einerseits, anderseits zu Stannioxydhydrat umsetzen, das kolloïdal gelöst bleibt.

$$\left\{\begin{array}{l} 2SnCl_2 + 4Br = SnCl_4 + SnBr_4 \\ SnCl_4 + 2H_2O = SnO_2 + 4HCl \\ SnBr_4 + 2H_2O = SnO_2 + 4HBr \end{array}\right\}$$

Natriumhydroxyd: fällt, wenn in geringer Menge zu einer Probe dieser Lösung gesetzt, die unlösliche Form des Stannioxydhydrats (a-Zinnsäure); ein Überschuß löst es zu Natriumstannat.

$$SnO_2 + 2NaOH = H_2O + Sn\begin{cases} ONa \\ =O \\ ONa \end{cases}$$

Natriumsulfat etc.: Verschiedene Salzlösungen, namentlich Natriumsulfatlösung, Ammoniumsulfatlösung, ferner Schwefelsäure, zerstören ebenfalls den kolloïdalen Zustand des Stannioxydhydrats und fällen es in seiner unlöslichen Modifikation (a-Zinnsäure) aus. Auch beim Aufkochen fällt diese aus.

Schwefelwasserstoff: fällt gelbes Stannisulfid, das sich in gelbem wie in farblosem Ammoniumsulfid zu Ammoniumthiostannat löst. Aus dieser Lösung wird durch Säuren Stannisulfid wieder gefällt.

$$SnO_2 + 2H_2S = 2H_2O + SnS_2$$
$$SnS_2 + (NH_4)_2S = (NH_4)_2SnS_3$$
$$(NH_4)_2SnS_3 + 2HCl = SnS_2 + H_2S + 2NH_4Cl$$

Stannichloridlösung gibt mit Ammoniumchloridlösung das krystallisationsfähige Ammoniumsalz der komplexen Stannichlorwasserstoffsäure.

$$SnO_2 + 4HCl + 2NH_4Cl = 2H_2O + (NH_4)_2[SnCl_6]$$

Man löse eine Probe dieses schön krystallisierten Salzes in Wasser auf: es löst sich klar; durch Schwefelwasserstoff wird aus der Lösung Stannisulfid gefällt.

Alle festen Zinnverbindungen werden beim Schmelzen mit wasserfreiem Natriumcarbonat und Kaliumcyanid zum Metalle reduziert, wobei das Kaliumcyanid als Reduktionsmittel wirkt, das Natriumcarbonat zum Fernhalten von Luftsauerstoff zugesetzt wird. Man schmelze in einem einseitig geschlossenen Glasröhrchen etwas festes Stannochlorid mit etwa gleichen Teilen wasserfreien Natriumcarbonats und Kaliumcyanids. Am geschlossenen Ende des Röhrchens sieht man ein Tröpfchen geschmolzenen Zinns, das man nach dem Abkühlen durch Zerschlagen des Rohres leicht isolieren kann.

Kolloïdale Lösungen.

Zahlreiche, an und für sich unlösliche Stoffe können unter gewissen Bedingungen in Wasser gelöst erhalten werden. Die nähere Untersuchung hat gezeigt, daß solche Lösungen sich in ihrem Verhalten vielfach von normalen Lösungen unterscheiden. Man nennt sie nach einem Vorschlage ihres Entdeckers Graham „kolloïdale Lösungen" oder, falls es sich um wäßrige Lösungen handelt, „Hydrosole"; der kolloïdal gelöste Stoff wird als „Kolloïd" bezeichnet.

Beispiele solcher kolloïdalen Lösungen bilden Leim, von dessen griechischer Bezeichnung, ἡ κόλλα, der Name der Lösungen abgeleitet ist, Eiweißstoffe, viele organische Farbstoffe, Stannioxydhydrat, dessen Verhalten eben besprochen wurde; ferner zahlreiche andere Metallhydroxyde wie namentlich Ferrioxydhydrat, Aluminiumoxydhydrat, Zinkhydroxyd, Molybdänsäure, Molybdänblau, Wolframsäure; ferner Sulfide wie Arsentrisulfid As_2S_3, Antimontrisulfid Sb_2S_3, Cuprisulfid CuS, Cadmiumsulfid CdS, Nickelosulfid NiS; weiterhin Kieselsäure, Metaphosphorsäure; und schließlich zahlreiche Metalle und Nichtmetalle wie Gold, Silber, Platin, Quecksilber, Selen, Tellur. Die Gegenwart von Hydroxylionen begünstigt häufig das Bestehen kolloïdaler Lösungen, wie besonders die Lösungen der hydrolytisch gespaltenen Metalloxydalkaliverbindungen, in denen das Metallhydroxyd zum großen Teile kolloïdal gelöst ist, zeigen.

Ein wesentlicher Unterschied der kolloïdalen Lösungen gegen die normalen Lösungen besteht darin, daß das Kolloïd nicht oder nur sehr langsam durch tierische und einige ähnliche Membranen (Blase oder Pergamentpapier) diffundiert, während normal gelöste Stoffe leicht durch die Membranen hindurchgehen. Dies Verhalten benutzt man zur Reindarstellung der Hydrosole: man erhält eine Lösung von kolloïdalem Stannioxydhydrat dadurch, daß man die säurehaltige Lösung gegen reines Wasser diffundieren läßt, wobei die Säure durch die trennende Membran hindurchgeht, das kolloïdale Stannioxydhydrat aber zurückbleibt.

Einige kolloïdale Lösungen geben bei vorsichtigem Eindampfen einen amorphen, festen Rückstand, der sich mit Wasser wieder zur kolloïdalen Lösung löst, z. B. Leim und Molybdänblau („reversible Kolloïde"). Der Eindampfungsrückstand wird als „festes Hydrosol" bezeichnet. Andere kolloïdale Lösungen geben beim Eindampfen oder Fällen eine feste, mehr oder weniger wasserhaltige, gequollene Ausscheidung des Kolloïds, die nicht wieder mit Wasser gelöst werden kann: „Hydrogel", z. B. kolloïdale Kieselsäurelösung. Andere Kolloïde fallen schließlich wasserfrei aus, z. B. Gold.

Die kolloïdalen Lösungen sind fast nie völlig klar, sondern zeigen meist eine gewisse Opalescenz.

Molekelgewichtsbestimmungen lehren, daß in der kolloïdalen Lösung keine Aufteilung des gelösten Stoffs zu einzelnen Molekeln stattgefunden hat, sondern daß größere, oftmals recht große Molekelkomplexe in ihnen vorhanden sind. In vielen Fällen handelt es sich bei kolloïdalen Lösungen um höchst feine Suspensionen, die ihrer Feinheit wegen nicht oder nur sehr langsam sedimentieren; damit steht im Einklange, daß viele Kolloïde besonders in dicken, viskosen Flüssigkeiten gut beständig sind. Oftmals findet wohl außerdem noch eine Auflockerung der suspendierten Stoffpartikelchen durch eingeschobene Wassermolekeln statt.

Die in Lösung befindlichen Partikeln des Kolloïds sind elektrisch gegen das Lösungsmittel geladen, und zwar die meisten Hydroxylverbindungen positiv, die übrigen Kolloïde negativ. Neuerdings ist als vielfach gültige Regel erkannt worden, daß sich zwei kolloïdale Lösungen von entgegengesetzt geladenen Kolloïden innerhalb gewisser Konzentrationsgrenzen gegenseitig ausfällen, wobei eine Addition beider zu einer „Adsorptionsverbindung" stattfindet. So fällt eine kolloïdale Ferrioxydhydratlösung eine kolloïdale Antimonsulfidlösung; das ausfallende Hydrogel ist eine Adsorptionsverbindung beider Stoffe. Viele organische Farbstoffe werden durch Ferrisalze oder Aluminiumsalze d. h. durch die in Hydrolyse daraus entstandenen Metalloxydhydrate niedergeschlagen. Für die Affinität, welche die Adsorptionsverbindungen zusammenhält, ist der Name „Zustandsaffinität" gewählt worden.

Auch durch Elektrolyte aus der Reihe der Salze und Säuren können Kolloïde, ohne daß eine chemische Einwirkung statthat, gefällt werden. So fällt kolloïdal gelöstes Nickelsulfid beim Erhitzen mit Essigsäure oder langsamer in Gegenwart von Salzen; Arsentrisulfid und Antimontrisulfid auf Zusatz von Chlorwasserstoffsäure; Zinkhydroxyd aus Zinkatlösung auf Zusatz von Natriumchlorid (Seite 58); Stannioxydhydrat auf Zusatz von Natriumsulfat oder Ammoniumsulfat.

Dabei hat sich gezeigt, daß ein Elektrolyt eine um so stärker fällende Eigenschaft besitzt, je stärker er hydrolysiert ist; daraus folgt, daß sich nicht nur der Elektrolyt, sondern ganz wesentlich auch sein kolloïdal gelöstes Hydrolysierungsprodukt an der Fällung beteiligt; z. B. wird eine kolloïdale Arsentrisulfidlösung leicht durch das stark hydrolysierte Aluminiumchlorid oder Ferrichlorid, schwerer durch das wenig hydrolysierte Bariumchlorid und noch weniger durch das kaum hydrolytisch gespaltene Kaliumchlorid gefällt.

Beim Filtrieren und Auswaschen von Fällungen, die die Neigung haben, kolloïdal zu werden, sind besondere Vorsichtsmaßregeln nötig, um zu verhindern, daß die abfiltrierte Lösung „durchs Filter laufe". Man wäscht nicht mit reinem Wasser, sondern mit Lösungen indifferenter Stoffe aus, die das Entstehen kolloïder Lösungen verhindern, z. B. mit schwefelwasserstoffhaltigem Wasser, mit heißem Wasser oder mit Salzlösungen flüchtiger Salze (z. B. Ammoniumacetat), die beim Glühen des Niederschlages durch Verdampfen entfernt werden können. Namentlich für die quantitative Analyse sind solche Fälle von Bedeutung.

Etwas Ferrichloridlösung des Laboratoriums werde mit Wasser so stark verdünnt, daß sie fast farblos erscheint. Eine Probe davon reagiert intensiv mit Kaliumthiocyanat, ein Zeichen dafür, daß Ferriionen vorhanden sind. Eine zweite Probe werde nun aufgekocht, wobei sie sich dunkler, braunstichig färbt; jetzt gibt diese Probe auf Zusatz von Kaliumthiocyanatlösung keine Rotfärbung mehr; nach einiger Zeit scheiden sich einige Flöckchen von Ferrioxydhydrat aus. Nach dem

Aufkochen waren also keine Ferriionen mehr in der Lösung, sondern alles Ferrichlorid war unter Hydrolyse in Chlorwasserstoff und Ferrioxydhydrat übergegangen, welches letztere kolloïdal gelöst blieb und durch Zusatz des fremden Salzes (Kaliumthiocyanat) ausgefällt wurde. Auch in gewöhnlicher Ferrichloridlösung ist diese Hydrolyse zum Teile vor sich gegangen.

Blei.

Blei ist ein grauglänzendes, weiches, dehnbares Metall. Die Mehrzahl seiner Verbindungen leitet sich vom zweiwertigen Blei, nur wenige vom vierwertigen ab. Blei hat nur geringe Neigung, komplexe Ionen zu bilden.

Blei löst sich in Salpetersäure. Beim Erhitzen auf Kohle bilden Bleiverbindungen einen gelben Beschlag und ein Metallkügelchen.

An Bleisauerstoffverbindungen sind zu unterscheiden: ein Bleisuboxyd Pb_2O; die gelbbräunliche „Bleiglätte" PbO; die rote „Mennige" Pb_3O_4, die wohl als ein neutrales Plumboplumbat (orthobleisaures Blei) von der Formel

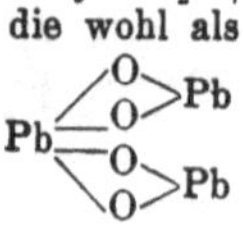

aufzufassen ist; und das schwarzbraune Bleidioxyd PbO_2.

Man versetze etwas Bleinitratlösung mit wenig

Natriumhydroxydlösung: es fällt weißes Bleihydroxyd aus, das sich im Überschusse des Reagenzes, namentlich beim Erwärmen, leicht als Natriumplumbit löst.

$$Pb(NO_3)_2 + 2\,NaOH = Pb(OH)_2 + 2\,NaNO_3$$
$$Pb(OH)_2 + NaOH = H_2O + Pb(OH)(ONa)$$

Ammoniak: fällt Bleihydroxyd, ohne es im Überschusse wieder zu lösen.

Natriumcarbonat: fällt basische Bleicarbonate von wechselnder Zusammensetzung („Bleiweiß")

Chlorwasserstoffsäure: fällt weißes Bleichlorid; beim Aufkochen der eventuell stark zu verdünnenden Mischung löst es sich und krystallisiert beim Erkalten in langen, glänzenden Nädelchen wieder aus.

$$Pb(NO_3)_2 + 2\,HCl = PbCl_2 + 2\,NHO_3$$

Kaliumjodid: fällt gelbes Bleijodid, das schwerer als Bleichlorid löslich ist. Beim Aufkochen der sehr stark verdünnten Mischung löst es sich und krystallisiert beim Abkühlen in gelben, glitzernden Blättchen wieder aus.

Schwefelsäure: fällt das in Wasser sehr schwer lösliche, in Alkohol unlösliche Bleisulfat. Bleisulfat ist in verdünnter, namentlich warmer Salpetersäure, wenn auch nicht gerade reichlich, löslich.

$$Pb(NO_3)_2 + H_2SO_4 = PbSO_4 + 2\,HNO_3$$

Auf Zusatz von Weinsäure und Ammoniaklösung löst sich Bleisulfat zum Ammoniumsalze der Bleiweinsäure, deren Formel nicht ganz sicher ist.

$$PbSO_4 + H_2[C_4H_4O_6] + 4\,NH_3 = (NH_4)_2[C_4H_2O_6Pb] + (NH_4)_2SO_4$$

Weinsäure	Bleiweinsaures Ammonium
COOH	COO.NH$_4$
CH.OH	CH.O >Pb
CH.OH	CH.O
COOH	COONH$_4$

Beim Ansäuern mit Schwefelsäure fällt das Blei aus dieser Lösung wieder als Bleisulfat aus.

Kaliumchromat: fällt gelbes Bleichromat (als Malerfarbe „Chromgelb" genannt), das in Säuren unlöslich ist, sich aber in Alkalien löst.

$$Pb(NO_3)_2 + K_2CrO_4 = PbCrO_4 + 2\,KNO_3$$
$$PbCrO_4 + 3\,NaOH = H_2O + Pb(OH)(ONa) + Na_2CrO_4$$

Schwefelwasserstoff oder Ammoniumsulfid fällen schwarzes Bleisulfid, das namentlich, wenn es mit Ammoniumsulfid gefällt ist, leicht zum Teile kolloïdal gelöst bleibt.

$$Pb(NO_3)_2 + H_2S = PbS + 2\,HNO_3$$

Etwas Bleiacetatlösung des Laboratoriums werde mit einer ohne Erwärmung frisch bereiteten Natriumsuperoxydlösung versetzt; es fällt dunkelbraunes Bleidioxydhydrat PbO_2 aus.

$$Pb(C_2H_3O_2)_2 + Na_2O_2 = PbO_2 + 2\,Na(C_2H_3O_2)$$

Eine zweite Probe Bleiacetatlösung werde mit Bromwasser versetzt, wobei ebenfalls Bleidioxydhydrat ausfällt.

$$Pb(C_2H_3O_2)_2 + 2\,Br + 2\,H_2O = PbO_2 + 2\,H(C_2H_3O_2) + 2\,HBr$$

Natriumplumbitlösung gibt diese Umsetzungen nicht, weil sie nur sehr wenig Bleiionen, dafür die Ionen $[HPbO_2]'$, enthält.

Um aus Bleiverbindungen metallisches Blei zu gewinnen, erhitzt man sie mit wasserfreiem Natriumcarbonat und Kohle. Um diese Umsetzung mit möglichst kleinen Mengen sicher ausführen zu können, breche man von einem Streichhölzchen die Kuppe ab, überstreiche das Holz zu zwei Dritteln mit geschmolzenem, krystallisiertem Natriumcarbonat (durch Abstreichen eines Natriumcarbonatkrystalls, der durch kurzes Einhalten in eine Flamme oberflächlich zum Schmelzen gebracht ist) und glühe den mit Natriumcarbonat bestrichenen Teil bis zum Verkohlen des Holzes und, bis der nach dem Verjagen des Krystallwassers wieder fest gewordene Natriumcarbonatüberzug eben zu schmelzen beginnt. Dann bringe man an die Spitze ein wenig des auf Blei zu prüfenden Stoffes und glühe die Stelle, an der sich die Probe befindet. im Reduktionsraume der Bunsenbrennerflamme (vgl. Seite 8), bis das trockne Natriumcarbonat geschmolzen ist und die Spitze des Kohlestäbchens völlig inkrustiert hat. Dabei sieht man das entstandene Metallkügelchen in der Schmelze schwimmen; nach dem Erkalten kann man es mit einiger Vorsicht leicht herauslösen und mit dem Messer auf seine Weichheit — es muß sich leicht zu einer Platte drücken lassen — prüfen; ferner darauf hin, ob es, auf Papier gestrichen, einen „Bleistrich" gibt.

Mit einiger Vorsicht gelingt es leicht, das Bleikügelchen auf einem Uhrglase in einem Tropfen Salpetersäure zu lösen, die überschüssige Säure wegzudampfen, den Rückstand in zwei Tropfen Wasser zu lösen und in einigen Tröpfchen der Lösung das Blei durch einige Mikroreaktionen auch chemisch sicher nachzuweisen. Man versuche es.

Ähnliche Metallkügelchen erhält man aus Zinn-, Silber-, Antimon-, Wismutverbindungen.

Blei wird aus seinen Lösungen durch stärker elektroaffine Metalle metallisch in feinen Blättchen als „Bleibaum" ausgefällt. Man stelle den Versuch mit einem halben Probierglase voll Bleinitratlösung an, in der man einen Zinkstreifen über Nacht stehen läßt.

8. Arsengruppe.

Als „Arsengruppe" seien die Elemente Arsen As, Antimon Sb, Wismut Bi zusammengefaßt. Außerdem gehören in diese Gruppe noch die in ihren wichtigsten Verbindungen schon besprochenen Elemente Stickstoff und Phosphor. In dieser Fünfergruppe von Elementen zeigen sich zahlreiche Gesetzmäßigkeiten, wenn man die Elemente nach den Atomgewichten ordnet: Stickstoff, Phosphor, Arsen, Antimon, Wismut. Je größer das Atomgewicht ist, desto höher liegt Schmelz- und Siedepunkt. Ausgesprochen metallische Eigenschaften hat das Wismut; die übrigen sind um so deutlicher Nichtmetalle, je kleiner das Atomgewicht ist. Das Wismutoxydhydrat ist eine Base; die übrigen Hydroxyde sind Säuren, deren Acidität mit fallendem Atomgewichte wächst. Die Trichloride sind flüssig oder leicht schmelzbar; ihr Siedepunkt steigt im allgemeinen mit steigendem Molekelgewichte. Mit Ausnahme des Wismuts bilden alle Elemente dieser Gruppe Verbindungen mit Wasserstoff, die mit steigendem Atomgewichte des Elementes unbeständiger werden. Arsen-, Antimon- und Wismutverbindungen bilden in wäßriger Lösung mit Schwefelwasserstoff Sulfide. Sämtliche Elemente dieser Gruppe bilden zwei Reihen von Verbindungen, in deren einer sie dreiwertig, in der anderen fünfwertig sind.

Arsen.

Arsen bildet schwarze, glänzende Krystalle oder dunkelgraue Stücke, die an der Luft matt werden, da sie sich oberflächlich zu Arsentrioxyd oxydieren. Es ist spröde; es läßt sich bei Atmosphärendruck nicht schmelzen, sublimiert aber bei Glühhitze. Sein Dampf riecht knoblauchartig. Die wichtigsten Verbindungen sind:

As^{III}	As^{V}
Arsentrioxyd As_2O_3	Arsenpentoxyd As_2O_5
Arsenige Säure H_3AsO_3	Arsensäure H_3AsO_4
Natriumarsenit Na_3AsO_3	Natriumarsenat Na_3AsO_4
Arsentrisulfid As_2S_3	Arsenpentasulfid As_2S_5
Thioarsenige Säure H_3AsS_3	Thioarsensäure H_3AsS_4
Arsentrichlorid $AsCl_3$	

Arsenige Säure H_3AsO_3 ist nur in wäßriger Lösung bekannt; beim Eindampfen oder Auskrystallisieren spaltet sie Wasser ab, und Arsentrioxyd scheidet sich aus. Arsensäure H_3AsO_4 läßt sich krystallwasserhaltig in festem Zustande gewinnen. Das Trichlorid erfährt durch Wasser eine weitgehende hydrolytische Spaltung, namentlich in Gegenwart von viel Wasser. Gegenwart von viel Chlorwasserstoffsäure drängt die Hydrolyse des Arsentrichlorids zurück; deshalb geht beim Kochen einer stark mit Chlorwasserstoffsäure versetzten Arsenigsäurelösung Arsen als Arsentrichlorid mit den Wasserdämpfen fort. Dagegen läßt sich eine Arsensäurelösung auch nach Versetzen mit viel Chlorwasserstoffsäure ohne Verlust an Arsen eindampfen, weil ein Arsenpentachlorid nicht existiert.

Man erhitze ein Stückchen Arsen, so groß wie eine Erbse, in einem trocknen Probierrohre; zuerst sublimiert etwas Arsentrioxyd und bildet einen weißen Beschlag; bei stärkerem Erhitzen, wobei das Glas erweicht, beginnt das Arsen zu sublimieren und sich in den kälteren Teilen des Rohres als schwarzer, spiegelnder Beschlag („Arsenspiegel“) niederzuschlagen. Wenn alles Arsen verdampft ist, unterbreche man den Versuch und zerschlage das Glas nach dem Abkühlen; das aus schwarzen, glänzenden Krystallen bestehende Sublimat läßt sich von den Glasscherben leicht ablösen (Abzug!).

Ein stecknadelkopfgroßes Stück Arsen werde mit der Lötrohrflamme auf Kohleunterlage erhitzt. Verdampfend oxydiert es sich zum Teile zu Arsentrioxyd, das als weißer Rauch entweicht oder sich auf den kälteren Stellen der Kohle als Beschlag niedersetzt. Dabei zeigt sich der eigentümliche Geruch des Arsendampfes deutlich. Auch dieser Versuch ist unter dem Abzuge anzustellen.

Arsentrioxyd („Arsenik“, Arsenigsäureanhydrid) ist ein weißes, krystallinisches Pulver oder — als zweite Modifikation — eine glasartige, amorphe Masse, die beim Aufheben sehr langsam in die krystallinische Modifikation übergeht. Beim Sublimieren setzt sich Arsentrioxyd in kleinen Oktaëdern ab. In Wasser ist es nur wenig und langsam löslich. Unter dem Einflusse von Reduktionsmitteln geht es in Arsen über.

Man sublimiere im einseitig geschlossenen Röhrchen einige Körnchen Arsentrioxyd und betrachte das Sublimat unter dem Mikroskope.

Man erhitze ein kleines Körnchen von Arsentrioxyd oder einer beliebigen Arsenverbindung im einseitig geschlossenen Glasröhrchen mit ein wenig eines Gemisches von gleichviel trocknem Natriumcarbonat und Kaliumcyanid. An den kälteren Teilen des Röhrchens bildet sich ein Arsenspiegel. Empfindliche Probe! Bei diesem Versuche wirkt

Kaliumcyanid als Reduktionsmittel, indem es unter Sauerstoffaufnahme in Kaliumcyanat übergeht.

Man ziehe ein Stück Glasrohr zu einem etwa 2 mm weiten, etwa 2 bis 3 cm langen Röhrchen, wie Fig. 14 zeigt, aus. In die verschlossene Spitze bringe man ein Körnchen Arsentrioxyd und lege ein schon vorher passend zurecht geschnittenes Splitterchen Holzkohle darüber. Nun halte man die Röhre wagerecht in eine Flamme, so daß der Kohlesplitter zunächst ins Glühen kommt, und richte dann, ohne die erhitzte Stelle aus der Flamme zu bringen und dadurch erkalten zu lassen, das Röhrchen etwas auf, so daß das Arsentrioxyd zu verdampfen beginnt. Sein Dampf streicht dann über die glühende Kohle, wird durch sie reduziert, und das gebildete Arsen schlägt sich als schwarzer Spiegel an der Übergangsstelle des engen Rohrteils zum weiten nieder. Empfindliche Probe!

Figur 14.

Man koche eine Messerspitze Arsentrioxyd einige Minuten mit etwa 10 cm³ Wasser in einem Kölbchen, filtriere die Lösung ab, so daß das Ungelöste möglichst im Kölbchen bleibe, und hebe es zur Darstellung von Arsensäure im Kölbchen auf. Das Filtrat, welches arsenige Säure $As(OH)_3$ gelöst enthält, benutze man zu folgenden Versuchen.

Kalkwasser: fällt weißes Calciumarsenit.

$$2H_3AsO_3 + 3Ca(OH)_2 = 6H_2O + Ca_3(AsO_3)_2$$

Silbernitrat: fällt zunächst nichts. Wird zu der Mischung vorsichtig mit einem Glasstabe ein Tröpfchen Ammoniaklösung gebracht, so fällt gelbes Silberarsenit aus (Unterschiedsprobe gegen Arsenate). Ein Überschuß von Ammoniaklösung ebenso wie von Salpetersäure löst den Niederschlag wieder auf. In Ammoniaklösung löst sich Silberarsenit nur dann auf, wenn Ammoniumsalze zugegen sind.

$$(NH_4)_3AsO_3 + 3AgNO_3 = Ag_3AsO_3 + 3NH_4NO_3$$
$$Ag_3AsO_3 + 3NH_4NO_3 + 6NH_3 = (NH_4)_3AsO_3 + 3[Ag(NH_3)_2]NO_3$$
$$Ag_3AsO_3 + 3HNO_3 = 3AgNO_3 + H_3AsO_3$$

Cuprisulfat: fällt, wenn in sehr geringer Menge zugesetzt, nichts aus. Wird ein wenig Natriumhydroxydlösung zugegeben, so fällt saures Cupriarsenit als gelbgrüner Niederschlag aus. Ist zuviel Cuprisulfat zugesetzt, so sieht der Niederschlag durch beigemengtes Cuprihydroxyd blaugrün aus. Man wiederhole in diesem Falle den Versuch mit einem geringeren Cuprisulfatzusatze.

$$H_3AsO_3 + CuSO_4 + 2NaOH = 2H_2O + CuHAsO_3 + Na_2SO_4$$

Wird mehr Natriumhydroxydlösung zugegeben, so löst sich der Niederschlag zu einer blauen Lösung von Natriumcupriarsenit, die beim Aufkochen oder bei längerem Stehen rotes Cuprooxyd ausfallen läßt. Natriumcupriarsenit ist als Natriumsalz der komplexen cupriarsenigen Säure $H[CuAsO_3]$ aufzufassen, da aus seiner Lösung durch überschüssiges Natriumhydroxyd kein Cuprihydroxyd gefällt wird.

$$HCuAsO_3 + NaOH = H_2O + Na[CuAsO_3]$$
$$2\,Na[CuAsO_3] + 2\,NaOH = H_2O + Cu_2O + \underset{\text{Natriummetaarsenit}}{NaAsO_2} + Na_3AsO_4$$

Natriumhydrocarbonatpulver und einige Tropfen Jodlösung: geben ein Verschwinden der Jodfarbe. Unterschiedsprobe gegen Arsenate.

$$H_3AsO_3 + H_2O + 2\,J = H_3AsO_4 + 2\,HJ$$

Schwefelwasserstoff: färbt die Arsenigsäurelösung gelb, indem sich kolloïdales Arsentrisulfid bildet. Auf Zusatz von Chlorwasserstoffsäure wird es in die unlösliche Modifikation übergeführt. Das kolloïdale Arsentrisulfid bildet sich nur in Lösungen, die frei von Säuren und Salzen sind. In farblosem Ammoniumsulfid löst sich das Arsentrisulfid zu Ammoniumthioarsenit, in gelbem Ammoniumsulfid zu Ammoniumthioarsenat.

$$2\,H_3AsO_3 + 3\,H_2S = 6\,H_2O + As_2S_3$$
$$As_2S_3 + 3(NH_4)_2S = 2(NH_4)_3AsS_3$$
$$As_2S_3 + 3(NH_4)_2S + 2\,S = 2(NH_4)_3AsS_4$$

Stannochlorid: Zu einer Spur Arsentrioxyd oder Arsenigsäurelösung bringe man etwa 1 g festes Stannochlorid und 1 bis 2 cm^3 reiner, konzentrierter Chlorwasserstoffsäure. Beim Stehenlassen, schneller bei geringem Erwärmen bildet sich durch Reduktion elementares Arsen, das in kolloïdaler Form die Lösung bräunt und bei reichlicher Anwesenheit später in Flocken ausfällt. („Bettendorffs Arsenprobe".)

Den im Kölbchen verbliebenen Rest Arsentrioxyd übergieße man mit etwa 1 bis 2 cm^3 konzentrierter Salpetersäure, koche auf und dampfe die Lösung unter dem Abzuge in einer Porzellanschale mit kleiner Flamme fast zur Trockne ein; den Rückstand löse man in etwas Wasser und benutze die Lösung zu den Arsensäureumsetzungen.

Kalkwasser: in größerer Menge zugesetzt, fällt Calciumarsenat.

$$2\,H_3AsO_4 + 3\,Ca(OH)_2 = 6\,H_2O + Ca_3(AsO_4)_2$$

Silbernitrat: fällt zunächst nichts; wird aber, am besten tropfenweise mit einem Glasstabe, die zur Bindung der freien Säuren nötige Menge Ammoniaklösung (nicht mehr!) zugesetzt, so fällt rotbraunes Silberarsenat. Unterschiedsprobe gegen Arsenite. Silberarsenat ist in Salpetersäure und in Ammoniaklösung — Gegenwart von Ammoniumsalzen vorausgesetzt — löslich.

$$H_3AsO_4 + 3\,AgNO_3 + 3\,NH_3 = Ag_3AsO_4 + 3\,NH_4NO_3$$

Ammoniummolybdatlösung: in reichlicher Menge zu wenig Arsensäurelösung gesetzt — eine eventuell entstandene weiße Ausscheidung von Molybdänsäure H_2MoO_4 werde durch etwas konzentrierte Salpetersäure in Lösung gebracht —, gibt bei schwacher Erwärmung der Mischung eine Gelbfärbung und bald einen gelben Niederschlag vom Ammoniumsalze der komplexen Molybdänarsensäure. Diese Umsetzung entspricht vollkommen der Phosphorsäurefällung mit Ammoniummolybdatlösung.

Magnesiumsulfat: fällt aus der mit wenig Ammoniumchlorid und Ammoniaklösung versetzten Arsensäurelösung krystallwasserhaltiges Ammoniummagnesiumarsenat $Mg(NH_4)AsO_4$. Man lasse eine Viertelstunde stehen, filtriere ab und wasche den Niederschlag auf dem Filter gut mit Wasser aus. Eine Probe des Niederschlages werde mit einem Tropfen neutraler Silbernitratlösung befeuchtet; sie färbt sich durch Bildung von Silberarsenat rotbraun. Darin liegt ein wichtiger Unterschied gegen den ähnlichen Ammoniummagnesiumphosphatniederschlag. Arsenige Säure gibt bei gleicher Behandlung keine Fällung.

Schwefelwasserstoff: fällt zunächst nichts; bei längerem Durchleiten trübt sich die Lösung, und es fällt langsam — nach den äußeren Bedingungen, namentlich der Konzentration an Chlorwasserstoff wechselnd — Arsenpentasulfid oder ein Gemenge von Arsentrisulfid und Schwefel aus.

Der Niederschlag ist in Ammoniumsulfidlösung zu Ammoniumthioarsenat löslich.

$$As_2S_5 + 3(NH_4)_2S = 2(NH_4)_3AsS_4$$

Auch in Ammoniumcarbonatlösung ist er zu einem Gemische von Ammoniumarsenat und Ammoniumthioarsenat löslich.

Gelöste Arsenverbindungen liefern in einem sauren Wasserstoffentwicklungsgemische Arsenwasserstoff AsH_3, der sich — auch in Mischung mit viel Wasserstoff — beim Erhitzen spaltet und an den kälteren Stellen des Apparates ein braunes Häutchen von Arsen, „einen Arsenspiegel" erzeugt. Zur Herstellung von Arsenwasserstoff und zum Nachweise kleiner Mengen Arsen wendet man den sogenannten Marshschen Apparat an. Man setze den Apparat nach Figur 15 aus einem 200 cm^3 fassenden Kölbchen, einem Calciumchloridrohre (b), in das zum Trocknen des Gases einige Stücke gekörntes Calciumchlorid zwischen zwei Wattebäuschchen kommen, und dem mit etwas Gummischlauch an das Ausmündungsrohr des Calciumchloridröhrchens zu befestigenden Zersetzungsrohre zusammen. Letzteres wird aus einem schwerschmelzbaren, außen 7 mm weiten Glasrohre nach der Zeichnung gefertigt.

In den Kolben kommen 6 je etwa 1 cm lange Stängelchen reinen Zinks, dazu ein wenig verdünnte Schwefelsäure und ein Tropfen Platinchlorwasserstofflösung. Wenn lebhafte Gasentwicklung im Gange ist, und die Zinkstückchen *sich mit ausgeschiedenem Platin überzogen haben*, gieße man die Flüssigkeit von den Zinkstückchen möglichst ab, gebe neue, etwa $20\,^0/_0$ige Schwefelsäure (verdünnte Schwefelsäure, der etwas konzentrierte Schwefelsäure zugesetzt ist), hinzu und setze den Apparat völlig zusammen. Über die Ausströmungsöffnung des Zersetzungsrohres stülpe man ein Probierglas und prüfe dadurch, daß man es von Zeit zu Zeit fortnimmt und seinen Inhalt an einer Flamme entzündet, ob die Luft aus dem Apparate verdrängt und durch Wasserstoff ersetzt ist. *Dann erst* erhitze man das Zersetzungsrohr an einer nicht ausgezogenen Stelle (vgl. Figur 15) bis zum Glühen, während man die vor und hinter dieser Stelle befindlichen Teile des Rohres durch den Ring des Kochgestells stützt. Auch nach längerer Zeit — im Ernstfalle etwa $^1/_2$ Stunde; hier mögen einige Minuten genügen — darf bei x kein Arsenspiegel im Rohre ent-

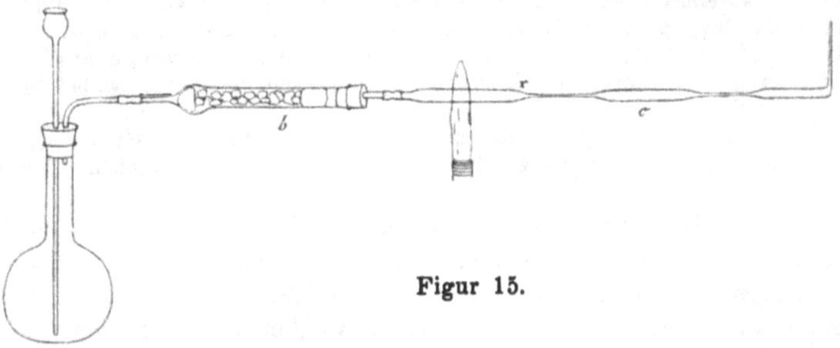

Figur 15.

stehen, andernfalls wären die Materialien arsenhaltig und müßten durch neue ersetzt werden. Scheidet sich kein Arsenspiegel ab, so kann man zum Versuche schreiten. Man gebe einen Tropfen Arsenigsäurelösung in den Trichter und spüle ihn mit einigen Tropfen verdünnter Schwefelsäure in den Kolben. Nach einiger Zeit wird sich jetzt hinter der erhitzten Stelle bei x ein Arsenspiegel niederschlagen, dessen Entstehen sich durch die beim Erhitzen vor sich gehende Spaltung des Arsenwasserstoffgases erklärt. Wenn der erste Arsenspiegel dunkel genug geworden ist, kann man durch Erhitzen bei c einen zweiten Spiegel an der zweiten Verjüngungsstelle entstehen lassen. Dann entferne man die Flamme und entzünde das ausströmende Gas. Bald färbt sich die Flamme weißlich, und ein weißer Rauch von Arsentrioxyd steigt auf. Wird die Flamme jetzt durch eine trockne, kalte Abdampfschale niedergedrückt, so bildet sich innerhalb des flammbedeckten Teiles an der Schale ein braunschwarzer Arsenfleck. Man stelle in dieser Weise einige Arsenflecke auf der Innenseite einiger Abdampfschalen oder Tiegeldeckel her.

Charakteristisch für die Arsenspiegel oder Arsenflecke ist die namentlich am Rande deutlich wahrzunehmende Braunfärbung (die ähnlichen Antimonflecke sind tiefsammetschwarz). Ein Fleck werde in einem Tropfen gelber Ammoniumsulfidlösung gelöst; bei vorsichtigem

Abrauchen der Lösung hinterbleibt ein gelber Fleck von Arsensulfiden. Ein zweiter Arsenfleck werde in etwas Natriumhypochloritlösung NaOCl aufgelöst, wobei er sich zu arseniger Säure oxydiert; ein Antimonfleck würde sich nicht lösen.

$$2\,As + 3\,NaOCl + 3\,H_2O = 2\,H_3AsO_3 + 3\,NaCl$$

Arsenwasserstoffgas ist sehr giftig; man sei deshalb beim Auseinandernehmen des Apparates vorsichtig.

Antimon.

Antimon ist als Element und in seinen Verbindungen dem Arsen sehr ähnlich; es ist silberweiß, ist spröde und schwerer flüchtig als Arsen; sein Trihydroxyd steht in seinem Verhalten auf der Grenze zwischen sauer und basisch, während die Antimonsäure ebenso wie die beiden Hydroxylverbindungen des Arsens ausgesprochene Säuren sind. Die Antimonoxyde sind in Wasser unlöslich. Die neutralen Antimonsalze, in denen das dreiwertige Antimon als Kation fungiert, werden durch Wasser hydrolytisch gespalten, wobei basische Salze entstehen.

Antimontrisulfid Sb_2S_3 wird mineralisch gefunden als „Grauspießglanz". Die Antimonverbindungen haben den Arsenverbindungen entsprechende Formeln.

Man erhitze etwas Antimon in einem einseitig geschlossenen Glasröhrchen. Es schmilzt bei 631°, läßt sich aber bei der Hitze des Bunsenbrenners nicht sublimieren. Beim Erhitzen mit der Lötrohrflamme auf Kohle gibt Antimon einen weißen Beschlag von Oxyden, der beim Erwärmen flüchtig ist.

Man erhitze etwas gepulverten Grauspießglanz in einem Probierglase mit 2 cm³ konzentrierter Chlorwasserstoffsäure. Unter Entwicklung von Schwefelwasserstoff löst sich der Grauspießglanz zum Teile auf. Man filtriere nach dem Erkalten, koche das Filtrat zur Entfernung des gelösten Schwefelwasserstoffs auf und verwende es, nachdem man es vorsichtig tropfenweise mit Wasser verdünnt hat, zu den folgenden Umsetzungen des dreiwertigen Antimons. Es darf nur so viel Wasser zugesetzt werden, daß die Flüssigkeit noch klar bleibt; sollte eine Trübung schon entstanden sein, so bringe man sie durch einige Tropfen konzentrierter Chlorwasserstoffsäure wieder in Lösung.

$$Sb_2S_3 + 6\,HCl = 2\,SbCl_3 + 3\,H_2S$$

Wasser: hydrolysiert und fällt weißes, basisches Antimonochlorid, das bei längerem Stehen mit viel Wasser in Antimonoxyd übergeht.

Wird zu dieser Mischung konzentrierte Chlorwasserstoffsäure gesetzt, so findet wieder Neutralisation statt, und das Antimonoxychlorid löst sich wieder. Ein schönes Beispiel für Massenwirkung.

$$SbCl_3 + H_2O \underset{(HCl)}{\overset{(H_2O)}{\rightleftarrows}} SbOCl + 2\,HCl$$

Diese Gleichung besagt, daß bei Gegenwart von viel Wasser die Umsetzung von links nach rechts, bei Gegenwart von viel Chlorwasserstoff von rechts nach links verläuft.

Da das Antimon einige wichtige basische Salze, in denen die Atomgruppe SbO vorkommt, bildet, hat man für diese Gruppe einen besonderen Namen „Antimonyl" gewählt. Demnach kann man die Verbindung SbOCl auch „Antimonylchlorid" nennen. Analog sind „Chromyl", „Uranyl".

Auf Zusatz von Weinsäure und Alkalimetallhydroxydlösung löst sich der Antimonylchloridniederschlag zum Alkalimetallsalze der komplexen Antimonylweinsäure auf.

$$Na_2(C_4H_4O_6) + SbOCl = Na[SbOC_4H_4O_6] + NaCl$$

Beim Ansäuern dieser Lösung fällt wieder Antimonylchlorid aus.

Natriumhydroxydlösung: fällt, wenn in geringer Menge zugesetzt, Antimontrioxydhydrat (antimonige Säure); ein Überschuß löst sie zu Natriumantimonit.

$$2\,SbCl_3 + 6\,NaOH = Sb_2O_3 + 6\,NaCl + 3\,H_2O$$
$$Sb_2O_3 + 6\,NaOH = 3\,H_2O + \underset{\text{Antimonigsaures Natrium}}{2\,Na_3SbO_3}$$

Zu dieser Lösung von Natriumantimonit gebe man etwas Silberammoniaksalzlösung z. B. Silbernitratlösung, die bis zur Auflösung des zuerst ausgefällten Silberoxydniederschlages mit Ammoniaklösung versetzt ist. Die anfangs farblose Mischung bräunt sich bald, und es scheidet sich — rascher bei schwachem Erwärmen — schwarzbraunes Silber in Flocken aus.

$$Na_3SbO_3 + 2\,[Ag(NH_3)_2]NO_3 + 2\,NaOH + H_2O = 2\,Ag + Na_3SbO_4 + 4\,NH_3 + 2\,NaNO_3$$

Das Natriumantimonit ist also in Natriumantimonat übergegangen, wobei es das Silbersalz zu metallischem Silber reduziert hat. Durch dies Verhalten unterscheidet man die antimonige Säure von der Antimonsäure.

Schwefelwasserstoff: fällt rotes, flockiges Antimontrisulfid Sb_2S_3, das eine zweite Modifikation neben dem schwarzen Grauspießglanze darstellt. Bei starkem Erhitzen geht die rote Form in die schwarze über.

$$2\,SbCl_3 + 3\,H_2S = Sb_2S_3 + 6\,HCl$$

In frisch dargestelltem, farblosem Ammoniumsulfid ist das Antimontrisulfid zu Ammoniumthioantimonit, in gelbem Ammoniumsulfid zu Ammoniumthioantimonat löslich.

$$Sb_2S_3 + 3(NH_4)_2S = 2(NH_4)_3SbS_3$$
$$Sb_2S_3 + 3(NH_4)_2S + 2\,S = 2(NH_4)_3SbS_4$$

Man erwärme etwas gepulvertes Antimon mit wenig konzentrierter Salpetersäure in einer Abdampfschale mit kleiner Flamme und verdampfe vorsichtig unter Blasen mit dem Munde die Salpetersäure fast völlig. Etwas von dem weißen Rückstande, der aus Antimonpentoxydhydrat (Metaantimonsäure) besteht, und den man möglichst von Antimonpartikeln befreit, löse man in wenig verdünnter Chlorwasserstoffsäure unter Erwärmen. Die so gebildete Antimonpentachloridlösung, die viel kolloïdal gelöstes Antimonpentoxydhydrat enthält, verwende man zu folgenden Umsetzungen des fünfwertigen Antimons.

$$2\,Sb + 5\,O = Sb_2O_5$$
$$Sb_2O_5 + 10\,HCl = 5\,H_2O + 2\,SbCl_5$$

Wasser: Zu einigen Tropfen Antimonpentachloridlösung setze man einige Kubikzentimeter Wasser und lasse stehen; nach einiger Zeit scheidet sich weißes Antimonpentoxydhydrat aus.

$$2\,SbCl_5 + 5\,H_2O = Sb_2O_5 + 10\,HCl$$

Kaliumjodid: Ein Tropfen Antimonpentachloridlösung werde mit etwas Kaliumjodidlösung gemischt und erwärmt; es scheidet sich Jod aus, das man an der braunen Farbe erkennt; beim Durchschütteln der Mischung mit etwas Schwefelkohlenstoff löst es sich in diesem mit violetter Farbe. Unterschiedsprobe gegen die Verbindungen des dreiwertigen Antimons.

$$SbCl_5 + 2\,KJ = SbCl_3 + 2\,KCl + 2\,J$$

Schwefelwasserstoff: fällt aus Antimonpentachloridlösung Antimonpentasulfid oder ein Gemisch von Antimonpentasulfid, Antimontrisulfid und Schwefel; auf Zusatz von Ammoniumsulfidlösung löst sich der Niederschlag zu Ammoniumthioantimonat.

Ein Tropfen Antimonpentachloridlösung oder Antimontrichloridlösung werde auf ein Platinblech gebracht, und ein Zinkstückchen hineingelegt. Sofort bildet sich auf dem Platinbleche ein schwarzer, festhaftender Fleck von Antimon, während Zink in Lösung geht. Nach einiger Zeit entferne man das Zinkstückchen, spüle den Fleck mit Wasser ab und betupfe ihn mit einem Tropfen kalter, konzentrierter Salpetersäure. Er färbt sich weiß, indem er in Antimontrioxyd übergeht. Nach dem Fortspülen der Salpetersäure werde der weiße Fleck mit einem Tropfen Silberammoniaknitratlösung betupft; er schwärzt sich unter Silberausscheidung, wie oben ausgeführt ist.

Eine Probe der Metaantimonsäure werde mit etwas trocknem Natriumcarbonat und Kaliumnitrat auf dem Platinbleche geschmolzen; beim Aufnehmen der Schmelze mit Wasser bleibt das saure Natriumpyroantimonat $Na_2H_2Sb_2O_7$ ungelöst, eines der wenigen in Wasser unlöslichen Natriumsalze. In derselben Weise gehen alle Antimonverbindungen beim Schmelzen mit Natriumcarbonat und Kaliumnitrat in diese Verbindung über.

Der sogenannte Marshsche Versuch werde in gleicher Weise wie beim Arsen mit etwas Antimonlösung ausgeführt. Man erhält matt sammetartige, schwarze Flecken im Glasrohre und auf der Porzellanplatte.

Sie geben beim Abrauchen mit etwas Ammoniumsulfid einen roten Fleck von Antimonsulfiden; auch lösen sie sich nicht in Natriumhypochloritlösung, wodurch sie sich von den ähnlichen Arsenflecken unterscheiden.

Wismut.

Wismut ist ein grauweißes Metall mit rötlichem Farbtone. Es ist sehr schwer flüchtig und schmilzt bei 268°. Wismuthydroxyd $Bi(OH)_3$ ist eine schwache Base; saure Eigenschaften fehlen ihm fast völlig: nur von höchst konzentrierter Kaliumhydroxydlösung wird es gelöst. Wismut tritt in der Mehrzahl seiner Verbindungen dreiwertig auf; vom fünfwertigen Wismut leitet sich nur das Wismutpentoxyd Bi_2O_5 und das entsprechende Metahydrat $HBiO_3$ ab.

Wismut löst sich in starker Salpetersäure zu Wismutnitrat $Bi(NO_3)_3$.

Man löse ein Stückchen Wismut in wenig konzentrierter Salpetersäure unter Erwärmen auf, verdünne die Lösung tropfenweise mit Wasser und gieße oder filtriere ab, ehe eine bleibende Trübung entsteht.

Wasser: wird zu der Lösung reichlich kochendes Wasser gesetzt, so fällt basisches Wismutnitrat.

$$Bi(NO_3)_3 + 2H_2O = Bi(OH)_2NO_3 + 2HNO_3$$

Enthält die Wismutsalzlösung viel freie Säure, so erfolgt ein Niederschlag erst nach Zusatz von sehr viel Wasser und nach längerem Stehen. Durch Zusatz von Weinsäure kann das Entstehen dieses Niederschlages — anders als beim Antimon — nicht verhindert werden. Ein Zusatz von wenig Natriumchlorid erleichtert die Niederschlagsbildung sehr.

Außer dem genannten Salze $Bi(OH)_2NO_3$ gibt es zahlreiche andere basische Wismutnitrate, die sich bei Änderung der Darstellungsvorschrift in bezug auf Temperatur und Konzentration bilden.

Natriumhydroxyd: fällt Wismuthydroxyd, das sich im Überschusse von Natriumhydroxydlösung nicht löst. Wird Wasserstoffsuperoxydlösung oder Bromwasser zu der Mischung gegeben, so färbt sich der Niederschlag hellbraun, indem sich ein Hydroxyd des fünfwertigen Wismuts $HBiO_3$ bildet.

$$Bi(NO_3)_3 + 3NaOH = Bi(OH)_3 + 3NaNO_3$$

Schwefelwasserstoff: fällt schwarzes Wismuttrisulfid.

$$2Bi(NO_3)_3 + 3H_2S = Bi_2S_3 + 6HNO_3$$

Natriumstannitlösung: Wird zu einer Wismutnitratlösung Stannochloridlösung und Natriumhydroxydlösung gesetzt, so fällt schwarzes metallisches Wismut aus.

$$Bi_2O_3 + 3Na_2SnO_2 = 2Bi + 3Na_2SnO_3$$

Kaliumjodid: fällt schwarzrotes Wismuttrijodid BiJ_3; ein Überschuß an Kaliumjodidlösung löst das Wismuttrijodid zum komplexen Kaliumwismutjodid $K[BiJ_4]$.

Zweiter Teil der Säuren.

Im folgenden seien einige Säuren behandelt, deren Kenntnis für das bisher Besprochene von geringerer Bedeutung ist.

1. Bromwasserstoffsäure HBr und Jodwasserstoffsäure HJ.

Brom- und Jodwasserstoffsäure sind farblose Gase, die sich der Chlorwasserstoffsäure sehr ähnlich verhalten. Alle drei bilden zusammen eine Gruppe. Der Siedepunkt der wasserfreien Säuren steigt mit dem Molekelgewichte; er liegt für Chlorwasserstoff bei -83^{0}, für Bromwasserstoff bei -69^{0}, für Jodwasserstoff bei -36^{0}. In gleichem Sinne steigt die Löslichkeit in Wasser: eine konzentrierte, wäßrige Chlorwasserstoffsäure enthält etwa 40% HCl, eine konzentrierte Bromwasserstoffsäure etwa 50% HBr, eine konzentrierte Jodwasserstofflösung über 80% HJ. Mit steigendem Molekelgewichte steigt die Zersetzlichkeit: während Chlorwasserstoffsäurelösung bei Zimmertemperatur kein freies Chlor enthält und im Gaszustande erst bei Temperaturen über 1400 zu dissoziieren beginnt, ist wäßrige Bromwasserstoffsäure gelblich, wäßrige Jodwasserstoffsäure stark braun gefärbt, wenn sie auch nur kurze Zeit unter Luftzutritt aufbewahrt worden sind. Diese Zersetzung ist namentlich im Lichte stark.

In drei Probiergläsern werden 1) ein Tropfen Chlorwasserstoff-, 2) Bromwasserstoff-, 3) Jodwasserstofflösung oder deren Kaliumsalzlösungen mit Wasser etwas verdünnt und mit je einigen Tropfen Silbernitratlösung gefällt: Silberchlorid fällt weiß, Silberbromid schwach gelbstichig, Silberjodid hellgelb. Silberchlorid löst sich auf Zusatz von Ammoniaklösung leicht, Silberbromid nur zum kleinen Teile, Silberjodid gar nicht. Man filtriere die letzten zwei Lösungen und säuere alle drei Lösungen mit Salpetersäure an; im ersten Glase fällt alles Silberchlorid wieder aus; aus der zweiten Lösung fällt die geringe Menge gelösten Silberbromids; aus der dritten fällt nichts.

Zu etwas Kaliumbromidlösung gebe man 1 cm^3 Schwefelkohlenstoff und 1 bis 2 Tropfen Chlorwasser; die Lösung färbt sich durch ausgeschiedenes Brom braun; beim Umschütteln löst sich das Brom im Schwefelkohlenstoff und färbt diesen. Ein geringer Überschuß von Chlorwasser ändert nichts daran: die braune Bromfarbe der Schwefelkohlenstoffschicht bleibt.

$$KBr + Cl = KCl + Br$$

Man stelle denselben Versuch mit Kaliumjodidlösung an; die Schwefelkohlenstoffschicht färbt sich jetzt violett. Auf weiteren Zusatz von Chlorwasser verschwindet die Violettfärbung, weil das zunächst ausgeschiedene Jod durch Chlorwasser zu Jodsäure oxydiert wird.

$$KJ + Cl = KCl + J$$
$$J + 5Cl + 3H_2O = HJO_3 + 5HCl$$

Hierauf basiert eine elegante Methode, Brom und Jod in der Analyse nebeneinander nachzuweisen. Man versetze eine verdünnte Lösung, die wenig Kaliumjodid und Kaliumbromid enthält, zunächst mit einem Tropfen Chlorwasser und etwas Schwefelkohlenstoff. Beim Umschütteln nimmt die Schwefelkohlenstoffschicht die violette Jodfarbe an, während alles Brom noch gebunden bleibt, da es schwerer als Jod aus seinen Salzen freigemacht wird. Alsdann gebe man mehr Chlorwasser hinzu, bis beim Umschütteln die violette Jodfarbe verschwunden ist; es zeigt sich, daß sich nunmehr freies Brom abgeschieden und die Schwefelkohlenstoffschicht braungefärbt hat (vgl. Elektroaffinität S. 96).

Durch gelinde Oxydationsmittel wie salpetrige Säure HNO_2 wird nur Jod, nicht aber Brom, freigemacht. Man gebe zu etwas Kaliumjodidlösung einige Tropfen rauchender — also salpetrigsäurehaltiger — Salpetersäure. Es scheidet sich Jod aus.

$$HJ + HNO_2 = NO + H_2O + J$$

2. Cyanwasserstoffsäure HCN.

Die Cyanwasserstoffsäure oder „Blausäure" schließt sich in ihrem chemischen Verhalten vollkommen der Chlor-, Brom- und Jodwasserstoffsäure an und würde der letzteren in vielen Beziehungen anzureihen sein; nur ist sie eine sehr schwache Säure. Wasserfreie Cyanwasserstoffsäure siedet bei 27°; in Wasser löst sie sich in jedem Verhältnisse. Cyanwasserstoffsäure und ihre Salze, soweit sie Cyanionen in wäßriger Lösung abgeben, sind sehr giftig. Das Cyanion hat eine außerordentliche Neigung, komplexe Verbindungen einzugehen; diese sowie die nicht dissoziierten Cyanide (Quecksilbercyanid) sind kaum giftig. Man wasche nach jedem Arbeiten mit Cyaniden die Hände!

Man löse etwas Kaliumcyanid in Wasser auf und benutze die Lösung zu den folgenden Versuchen; die Kaliumcyanidlösung muß frisch bereitet sein, da sie sich beim Aufbewahren zerlegt.

Einen Tropfen Kaliumcyanidlösung verdünne man mit etwas Wasser, säuere mit wenig Salpetersäure an und gebe zwei Tropfen Silbernitratlösung hinzu; es fällt Silbercyanid aus, das fast dieselben Eigenschaften wie Silberchlorid besitzt. Wie dieses löst es sich auf Zusatz von Ammoniaklösung.

$$KCN + AgNO_3 = AgCN + KNO_3$$

Man versetze einige Tropfen Silbernitratlösung tropfenweise mit Kaliumcyanidlösung. Das zuerst ausfallende Silbercyanid löst sich im Überschusse von Kaliumcyanidlösung zum Kaliumsalze der komplexen Silbercyanwasserstoffsäure,

$$AgCN + KCN = K[Ag(CN)_2]$$

Auf Zusatz von Salpetersäure bildet sich freie Silbercyanwasserstoffsäure, die aber sofort in Cyanwasserstoffsäure und Silbercyanid zerfällt; Silbercyanid scheidet sich in Flocken ab.

Man gebe zu einem Tropfen Kaliumcyanidlösung einige Tropfen Ferrosulfatlösung und etwas Natriumhydroxydlösung und erwärme die Mischung eine Minute lang bis fast zum Kochen. Dann kühle man ab und säuere mit Chlorwasserstoffsäure an, worauf ein dicker, flockiger, dunkelblauer Niederschlag von Ferriferrocyanid („Berlinerblau") entsteht. Bei Verwendung sehr geringer Mengen von Cyanwasserstoff färbt sich die Lösung beim Ansäuern zunächst grün, und erst nach einiger Zeit scheidet sich ein deutlicher, blauer Niederschlag ab.

Die Erklärung dieser Umsetzung besteht darin, daß sich zunächst Kaliumferrocyanid bildet; dieses setzt sich beim Ansäuern mit Ferrichlorid, das sich durch Oxydation stets in ausreichender Menge bildet, zu Ferriferrocyanid um.

$$FeSO_4 + 6\,KCN = K_4[Fe(CN)_6] + K_2SO_4$$

$$4\,FeCl_3 + 3\,K_4[Fe(CN)_6] = Fe_4[Fe(CN)_6]_3 + 12\,KCl$$

Zu einem Tropfen Kaliumcyanidlösung setze man ein wenig Wasser, einen Tropfen (nicht mehr) Kupfersulfatlösung und etwas Schwefeldioxydlösung. Es scheidet sich weißes Cuprocyanid flockig aus, das sich beim Umschütteln etwa wie Silberchlorid zusammenballt.

$$2\,CuSO_4 + 2\,KCN + SO_2 + 2\,H_2O = 2\,CuCN + K_2SO_4 + 2\,H_2SO_4$$

Man mische einen Tropfen Kaliumcyanidlösung mit einem Tropfen gelben Ammoniumsulfids und dampfe in einer Abdampfschale auf dem Wasserbade zur Trockne. Den Rückstand befeuchte man mit einigen Tropfen Chlorwasserstoffsäure und gebe eine Spur Ferrichloridlösung hinzu; die Lösung färbt sich dunkelrot durch Bildung von Ferrithiocyanat.

$$KCN + S = KSCN$$

$$FeCl_3 + 3\,KSCN = Fe(SCN)_3 + 3\,KCl$$

Man unterscheide:

Cyan N⋮C—C⋮N	Cyanwasserstoff HCN
Cyansäure HCNO	Thiocyansäure HCNS

3. Fluorwasserstoffsäure HF und Kieselfluorwasserstoffsäure H_2SiF_6.

Fluorwasserstoffsäure ist ein farbloses, an der Luft rauchendes Gas, das in Wasser sehr leicht löslich ist. Es ist außerordentlich aggressiv, so daß beim Arbeiten mit ihm große Vorsicht nötig ist. Glas wird durch das Gas wie durch seine wäßrige Lösung stark angegriffen, bzw. aufgelöst.

In ihren Eigenschaften steht die Fluorwasserstoffsäure den bereits behandelten Halogenwasserstoffsäuren ferner, als man nach der Verwandtschaft der Elemente vermuten sollte. Im Gegensatze zu jenen besteht sie aus Doppelmolekeln H_2F_2, die erst bei höherer Temperatur in die einfachen Molekeln zerfallen. Trotz des geringen Atomgewichtes des Fluors löst sie sich in Wasser reichlicher als Chlorwasserstoff, fällt also aus der Löslichkeitsreihe der Halogenwasserstoffsäuren heraus; die rauchende Fluorwasserstoffsäure enthält 40 bis 50 % Fluorwasserstoff. Ihr Silbersalz ist wasserlöslich, ihr Aluminiumsalz und Calciumsalz sind unlöslich.

Durch Anlagerung zweier Molekeln Fluorwasserstoffsäure an eine Molekel Siliciumfluorid bildet sich die komplexe Kieselfluorwasserstoffsäure oder Siliciumfluorwasserstoffsäure $H_2[SiF_6]$.

Man bringe in einem trocknen Probierglase ein erbsengroßes Stück Paraffin zum Schmelzen und verteile es durch Drehen des erwärmten Glases um seine horizontal gehaltene Achse über seine ganze Innenseite. Nach dem Erkalten des Paraffins kratze man mit einem Drahte einige Stellen der Glaswandung blank. Nun gebe man eine Messerspitze Calciumfluoridpulver und einige Tropfen konzentrierter Schwefelsäure in das Glas und erwärme den Boden ganz schwach, bis eben Aufschäumen beginnt. Nach zehn Minuten spüle man den Inhalt des Rohres mit Wasser unter Mithilfe einer Feder aus, koche das Rohr zweimal mit je 2 bis 3 cm^3 Alkohol aus und spüle es dann zweimal mit je 2 bis 3 cm^3 Äther. Nun blase man mit dem Gebläseschlauche, an den man zweckmäßig ein Stück Glasrohr ansetzt, etwas Luft durch das Glas, wodurch es völlig getrocknet wird. Man erkennt jetzt an den angekratzten Stellen die Ätzfiguren und fühlt sie mit einem zugespitzten Drahte deutlich als Vertiefungen.

$$CaF_2 + H_2SO_4 = CaSO_4 + 2\,HF.$$

Wäßrige Fluorwasserstoffsäure löst beim Erwärmen Kieselsäure, namentlich wenn etwas Schwefelsäure zugegen ist. Dabei bildet sich Siliciumfluorid, das sich mit überschüssiger Fluorwasserstoffsäure sofort zur komplexen, wasserlöslichen Kieselfluorwasserstoffsäure $H_2[SiF_6]$ vereinigt.

$$\left\{\begin{array}{l} SiO_2 + 4\,HF = 2\,H_2O + SiF_4 \\ SiF_4 + 2\,HF = H_2[SiF_6] \end{array}\right\}$$

Wenn aber bei der Einwirkung von Fluorwasserstoff auf Kieselsäure Wasser fehlt, so bildet sich nur Siliciumfluorid, das aus der Mischung als farbloses Gas entweicht. Man benutzt dies Verhalten, um Silikate aufzuschließen, d. h. sie unter Verjagung der Kieselsäure in Gestalt von Siliciumfluorid in andere, wasserlösliche Salze überzuführen.

Man erwärme in einem trocknen Probierglase etwas Calciumfluorid, Sand und konzentrierte Schwefelsäure, wobei sich Siliciumfluorid als farbloses, rauchendes Gas entwickelt. Nun bringe man, ohne an die Wände des Rohres anzustoßen, einen Glasstab mit unten anhängendem Wassertropfen in die Siliciumfluoriddämpfe (vgl. Figur 11 Seite 22). Sofort beschlägt sich der Wassertropfen mit einer dicken Kieselsäureschicht und reagiert dann auf Lackmuspapier stark sauer. Er enthält Kieselfluorwasserstoffsäure gelöst, deren Bildung sich so erklärt, daß ein Teil des Siliciumfluorids sich mit Wasser zu Kieselsäure und Fluorwasserstoff hydrolysiert (vgl. Seite 66), und dieser letztere sich mit dem Reste Siliciumfluorid zu Kieselfluorwasserstoffsäure verbindet, die im Wassertropfen gelöst bleibt.

Erstes Stadium (im Probierglase):

$$SiO_2 + 4\,HF \underset{[H_2SO_4]}{=} 2\,H_2O + SiF_4$$

Zweites Stadium (am Glasstabe):

$$\left\{ \begin{array}{l} SiF_4 + 2\,H_2O \underset{[H_2O]}{=} SiO_2 + 4\,HF \\ 2\,HF + SiF_4 = H_2[SiF_6] \end{array} \right\}$$

Diese Umsetzung stellt man zum Nachweise von Fluor in der qualitativen Analyse an.

Eine wäßrige Kieselfluorwasserstofflösung fällt aus Bariumchloridlösung weißes Bariumsilikofluorid, das in Wasser sehr schwer löslich ist.

$$H_2[SiF_6] + BaCl_2 = Ba[SiF_6] = 2\,HCl$$

4. Chlorsäure $HClO_3$.

Chlorsäure ist rein noch nicht dargestellt worden, dagegen ist ihre wäßrige Lösung bekannt. Chlorsäure und Chlorate zersetzen sich beim Erwärmen unter Sauerstoffabgabe; mit konzentrierter Schwefelsäure setzen sie sich zu Überchlorsäure $HClO_4$, Chlordioxyd ClO_2 und Wasser um.

Eine Federmesserspitze (nicht mehr) von Kaliumchlorat werde auf Holzkohle mit der Lötrohrflamme unter dem Abzuge oder im Stinkraume erhitzt. Es erfolgt lebhafte Verpuffung unter Feuererscheinung.

Eine kleine Probe Kaliumchlorat werde mit etwas konzentrierter Chlorwasserstoffsäure in einem Probierglase schwach erwärmt. Es entweicht Chlorgas. Wenn es sich in der toxikologischen Analyse um den Nachweis von Metallen in organischen Stoffen (Speisen etc.) handelt, werden die organischen Stoffe durch diese Mischung oxydiert und entfernt.

Eine Federmesserspitze Kaliumchlorat werde in einem trocknen Probierglase mit 2 bis 3 Tropfen konzentrierter Schwefelsäure übergossen. Man klammere das Probierglas in schräger Lage in ein Stativ ein. Es entwickelt sich langsam gelbgrünes Chlordioxyd, das beim Erwärmen des oberen Teiles des Probierglases mit schwacher Detonation verpufft. Man hüte sich, das Gemisch von Kaliumchlorat und Schwefelsäure selbst zu erwärmen, weil dabei heftige Explosionen eintreten können (Abzug!).

$$3\,HClO_3 = H_2O + 2\,ClO_2 + HClO_4$$

Kaliumchloratlösung gibt — vorausgesetzt, daß sie frei von Kaliumchlorid ist — mit Silbernitratlösung keinen Niederschlag (vgl. Seite 51). Auf Zusatz von einigen Zinkstückchen und etwas verdünnter Schwefelsäure fällt Silberchlorid aus, weil jetzt die Chlorsäure zu Chlorwasserstoffsäure reduziert wird; man verdünne stark mit Wasser, da auch Silbersulfat wenig löslich ist.

5. Jodsäure HJO_3.

Jodsäure bildet weiße Krystalle. Freie Jodsäure setzt sich in Lösung mit Jodwasserstoffsäure (oder Jodate und Jodide auf Zusatz von Säure) zu Wasser und Jod um.

Ein Tropfen Kaliumjodidlösung werde mit so viel Chlorwasser tropfenweise versetzt, bis eben die braune Farbe des zuerst ausgeschiedenen Jods verschwindet. Nun werde die Lösung zur Entfernung des überschüssigen Chlors einen Augenblick aufgekocht, und dann die gebildeten Säuren mit Natriumhydroxydlösung neutralisiert. Alsdann gebe man zu der so entstandenen Jodatlösung etwas Kaliumjodidlösung: die Lösung bleibt farblos. Säuert man sie jetzt mit verdünnter Chlorwasserstoffsäure an, so färbt sie sich braun, und es scheidet sich reichlich Jod aus.

$$HJ + 6\,Cl + 3\,H_2O = HJO_3 + 6\,HCl$$
$$HJO_3 + 5\,HJ = 3\,H_2O + 6\,J$$

6. Kieselsäure.

Das Anhydrid der Kieselsäure SiO_2 (Siliciumdioxyd) kommt in der Natur als Quarz vor; außerdem sind zahlreiche Mineralien als Kieselsäuresalze („Silikate") aufzufassen. Aus Alkalisilikatlösungen fällt auf Zusatz von Säuren Kieselsäure zum Teile aus, zum andern Teile bleibt sie wegen ihrer Neigung, in kolloïdaler Form zu bestehen, gelöst; beim Versetzen stark verdünnter Alkalisilikatlösungen mit Säure bleibt sie ganz gelöst. Die gelöste Kieselsäure wird erst durch mehrfaches Abdampfen der mit Chlorwasserstoffsäure versetzten Lösung in die unlösliche Form übergeführt. Die Silikate sind mit Ausnahme der Alkalisilikate in Wasser unlöslich; Glas ist ein Doppelsilikat: es besteht aus Alkalisilikaten und Calcium- oder Bleisilikat. In der Phosphorsalzperle geben Silikate, von wenigen Ausnahmen abgesehen, ein „Kieselsäureskelett", d. h. man sieht in der geschmolzenen Perle das hineingebrachte Stückchen ungelöst, aber entfärbt herumschwimmen.

Man löse ein Stückchen „Wasserglas", d. h. ein Gemisch von Natriumpyrosilikaten, z. B. $Na_2Si_4O_9$, in etwas Wasser unter Erwärmen auf. Bei Zusatz von Chlorwasserstoffsäure fällt gallertartige Kieselsäure aus. Diese frisch ausgefällte Kieselsäure löst sich in Natriumhydroxydlösung namentlich beim Erwärmen leicht auf.

Man bringe ein Splitterchen Wasserglas oder ein Sandkorn in eine wasserklare, geschmolzene Phosphorsalzperle und erhitze weiter: Kieselsäureskelett.

Man löse ein Splitterchen Wasserglas in Wasser auf, säuere mit Salpetersäure an und versetze die klare Lösung mit Ammoniummolybdatlösung. Die Lösung färbt sich gelb unter Bildung von komplexer Molybdänkieselsäure. Dies ist die empfindlichste Probe auf gelöste Kieselsäure. Man weise mit ihr Kieselsäure im Wasserleitungswasser nach und prüfe das destillierte Wasser des Laboratoriums.

7. Salpetrige Säure HNO_2.

Salpetrige Säure ist rein nicht dargestellt, auch ihre wäßrige Lösung kennt man mit Sicherheit noch nicht rein. Dagegen sind einige Salze („Nitrite") gut beständig. Die salpetrige Säure ist insofern ein eigentümlicher Stoff, als sie je nach den Umständen oxydierend oder reduzierend wirken kann.

$$2\,HNO_2 + 2\,H = 2\,H_2O + 2\,NO$$
$$HNO_2 + O = HNO_3$$

Man verdünne einen Tropfen Natriumnitritlösung mit einigen Kubikzentimetern Wasser, füge zwei Tropfen Kaliumjodidlösung und einige Tropfen Chlorwasserstoff- oder Essigsäure hinzu. Es scheidet sich Jod aus und färbt die Lösung braun. Empfindlicher wird die Probe, wenn man zu der Nitritlösung einige Tropfen Stärkekleisterlösung hinzugesetzt hat, wobei die Lösung sich unter Bildung von Jodstärke tiefblau färbt. Man verwendet diese Umsetzung, die in größten Verdünnungen am besten gelingt, unter anderem zur Prüfung von Trinkwasser auf einen Gehalt an Nitriten. Die nötige Stärkelösung stellt man sich dadurch her, daß man ein kleines Körnchen Stärke in einem Probierglase mit zwei Kubikzentimetern Wasser tüchtig durchschüttelt und die milchige Mischung aufkocht. Oxydationswirkung der salpetrigen Säure.

$$HNO_2 + HJ = H_2O + NO + J$$

Man wiederhole den Versuch mit Essigsäure, der man reichlich Natriumacetatlösung beigemischt hat. Jetzt wird kein Jod ausgeschieden, weil nach dem Massenwirkungsgesetze die Dissoziation der Essigsäure durch die reichlich vorhandenen Acetatanionen zurückgedrängt, die an und für sich schon schwache Essigsäure also noch weiter abgeschwächt ist.

Einige Tropfen Natriumnitritlösung werden mit etwas verdünnter Kaliumpermanganatlösung versetzt und mit verdünnter Schwefelsäure angesäuert. Es tritt Entfärbung ein; Reduktionswirkung der salpetrigen Säure.

$$\left\{\begin{array}{c} 2KMnO_4 + 3H_2SO_4 = K_2SO_4 + 2MnSO_4 + 3H_2O + 5O \\ HNO_2 + O = HNO_3 \end{array}\right\}$$

1 cm³ Natriumnitritlösung werde mit 1 cm³ Ammoniumchloridlösung aufgekocht: es entweicht ein farbloses Gas, das weder brennt noch das Brennen eines hineingehaltenen Streichholzes ermöglicht; es ist Stickstoff.

$$NaNO_2 + NH_4Cl = 2H_2O + 2N + NaCl$$

Ein Tropfen Natriumnitritlösung werde in einem Becherglase mit 40 bis 50 cm³ Wasser verdünnt und mit etwas Metaphenylendiaminchlorhydrat und einigen Tropfen Chlorwasserstoffsäure versetzt. Die Lösung färbt sich unter Bildung eines organischen Farbstoffs „Bismarckbraun" gelbbraun.

In ein Becherglas mit etwa 100 cm³ Wasser werden etwa zwei Tropfen Natriumnitritlösung gegeben; dazu wird ein Kubikzentimeter einer sehr verdünnten Lösung vom Natriumsalze der Sulfanilsäure, etwa ebensoviel verdünnte Schwefelsäure und ebensoviel sehr verdünnte α-Naphthylaminsalzlösung gesetzt. Es tritt sofort oder, wenn die Lösung sehr wenig Nitrit enthält, nach einigen Minuten eine schöne Rotfärbung ein, die durch einen Azofarbstoff erzeugt ist. Dies ist eine charakteristische und zugleich die empfindlichste Probe auf salpetrige Säure; sie wird z. B. bei der Wasseruntersuchung auf Nitrite verwandt.

Eine Probe Natriumnitritlösung versetze man reichlich mit konzentrierter Harnstofflösung, säuere mit verdünnter Schwefelsäure an und lasse einige Minuten stehen. Dabei setzt sich die salpetrige Säure mit Harnstoff zu Wasser, Kohlendioxyd und Stickstoff um.

$$\underset{\text{Harnstoff}}{CO(NH_2)_2} + 2HNO_2 = 4N + 3H_2O + CO_2\,.$$

Die Lösung gibt nun keine Reaktion mit Kaliumjodidlösung mehr. Dies Verfahren wird in der Analyse zur Entfernung der salpetrigen Säure benutzt.

8. Borsäure H_3BO_3.

Borsäure besteht aus farblosen Krystallblättchen, die in kaltem Wasser wenig löslich sind. Die Salze leiten sich von der Tetraborsäure oder Pyroborsäure $H_2B_4O_7$ ab. Das Natriumpyroborat („Borax") bildet beim Schmelzen ein Glas, das ähnlich dem Natriummetaphosphate Metalloxyde unter Bildung gefärbter Perlen auflöst.

$$\underset{\text{Borax}}{Na_2B_4O_7} + 2CuO = \underset{\text{Cuprioxydadditionsprodukt}}{Na_2Cu_2B_4O_9}$$

Man löse etwas Natriumpyroborat in heißem Wasser auf und säuere die filtrierte Lösung mit verdünnter Schwefelsäure an. Beim Abkühlen krystallisiert Borsäure in kleinen Blättchen reichlich aus. Man filtriere sie ab und wasche sie mit kaltem, destilliertem Wasser aus.

$$Na_2B_4O_7 + H_2SO_4 + 5\,H_2O = 4\,H_3BO_3 + Na_2SO_4$$

Eine kleine Probe dieser Borsäure werde mit warmem Wasser aufgelöst; mit der Lösung — oder auch mit einer mit etwas Chlorwasserstoffsäure angesäuerten Boraxlösung — werde ein Stückchen Curcumapapier befeuchtet; es färbt sich braun und bleibt braun auch beim Trocknen im Wasserdampftrockenschranke.

Ein Körnchen Borax werde im Probierglase mit etwas Alkohol, oder besser Methylalkohol und etwa doppelt soviel konzentrierter Schwefelsäure versetzt. Die beim Aufkochen der Mischung entweichenden Dämpfe, die Borsäureäthylat oder Borsäuremethylat enthalten, brennen mit grüner Flamme, die namentlich bei niedrig brennender Flamme deutlich grün leuchtet. Borsäureäthylat ist eine farblose, bei 120° siedende Flüssigkeit. Beim Versuche halte man das Probierglas mit dem Probierglashalter.

$$H_3BO_3 + 3\,C_2H_5OH_{[H_2SO_4]} = 3\,H_2O + (C_2H_5)_3BO_3$$

Man fertige einige Boraxperlen mit Cuprioxyd, Kobaltooxyd etc. an.

9. Schweflige Säure H_2SO_3.

Schweflige Säure H_2SO_3 ist nur in wäßriger Lösung bekannt; beim Versuche, sie wasserfrei zu gewinnen, zerfällt sie in Wasser und ihr Anhydrid SO_2. Sie ist ein starkes Reduktionsmittel wegen ihrer Neigung, in Schwefelsäure überzugehen, und wird als solches in der Chemie viel verwandt. Schwefeldioxyd entsteht beim Verbrennen von Schwefel und von Kiesen und ist das Ausgangsmaterial der Schwefelsäurefabrikation; es läßt sich zu einer farblosen, leicht beweglichen Flüssigkeit kondensieren, die bei $-10°$ siedet. Die konzentrierte, wäßrige Lösung ist etwa 9%ig. Die Salze der schwefligen Säure werden Sulfite genannt, ein Name, der seines Gleichklanges mit Sulfid wegen nicht glücklich gewählt ist.

Man verbrenne ein kleines Stückchen Schwefel unter dem Abzuge; während es mit blauer Flamme brennt, entweicht das gebildete Schwefeldioxyd als farbloses Gas von charakteristischem Geruche. Die Darstellung des Schwefeldioxyds aus Schwefelsäure ist bei dieser behandelt worden. Man benutze zu den folgenden Versuchen eine wäßrige Lösung von schwefliger Säure.

Man versetze eine Probe davon mit Bariumchloridlösung und etwas Chlorwasserstoffsäure, um festzustellen, ob sie frei von Schwefelsäure ist. Ist dies der Fall, so koche man eine neue Probe mit etwas Salpetersäure auf und weise jetzt die gebildete Schwefelsäure mittels Bariumchloridlösung nach.

$$H_2SO_3 + O = H_2SO_4$$

Man erwärme etwas Ferrichloridlösung mit Schwefligsäurelösung; sie entfärbt sich und läßt auf Zusatz von Natriumhydroxydlösung grünlichweißes Ferrohydroxyd fallen.

$$H_2SO_3 + 2FeCl_3 + H_2O = H_2SO_4 + 2HCl + 2FeCl_2$$

Eine Probe Mercurichloridlösung werde reichlich mit Schwefligsäurelösung versetzt. Beim Erwärmen tritt Trübung ein, und nach einiger Zeit fällt Mercurochlorid aus.

$$2HgCl_2 + H_2SO_3 + H_2O = 2HgCl + H_2SO_4 + 2HCl$$

Eine Probe Jodlösung (eine Auflösung von Jod in Kaliumjodidlösung) werde durch Zusatz von Schwefligsäurelösung entfärbt.

$$2J + H_2SO_3 + H_2O = H_2SO_4 + 2HJ$$

Sehr fein gepulvertes Mangandioxyd wird durch Erwärmen mit Schwefligsäurelösung in kurzer Zeit gelöst. Aus dem Filtrate fällen Ammoniaklösung und Ammoniumsulfid Manganosulfid; das Mangan ist als Salz der Dithionsäure in Lösung gegangen.

$$2H_2SO_3 + MnO_2 = 2H_2O + MnS_2O_6,$$

vielleicht: $\begin{matrix} SO_2-O \\ \vdots \\ SO_2-O \end{matrix}\!\!>Mn$

Man verwendet diese Umsetzung, um die Haut, die beim Berühren von Kaliumpermanganat unter Abscheidung von Mangandioxyd MnO_2 braun gefärbt wird, zu reinigen: man spült die Hände einfach mit etwas Schwefligsäurelösung und dann mit Wasser ab.

Ein Kryställchen festes Natriumsulfit Na_2SO_3 oder Natriumhydrosulfit $NaHSO_3$ werde mit etwas Chlorwasserstoffsäure schwach erwärmt; es entweicht Schwefeldioxyd.

Eine kleine Probe Natriumsulfitlösung werde mit einem Stückchen Zink und wenigen Tropfen konzentrierter Chlorwasserstoffsäure versetzt; unter reichlicher Schwefelwasserstoffentwicklung scheidet sich Schwefel ab.

$$H_2SO_3 + 6H = 3H_2O + H_2S$$
$$H_2SO_3 + 2H_2S = 3H_2O + 3S$$

10. Thioschwefelsäure $H_2S_2O_3$.

Die rein nicht darstellbare Thioschwefelsäure ist in Salzen bekannt. Sie ist als Schwefelsäure aufzufassen, deren eines Hydroxylsauerstoffatom durch ein Schwefelatom ersetzt ist, also als $HO.SO_2.SH$. Das Natriumsalz (Natriumthiosulfat, „unterschwefligsaures Natrium") krystallisiert mit 5 Molekeln Krystallwasser in großen, farblosen Krystallen. Versucht man aus einer Lösung dieses Salzes die Thioschwefelsäure durch Zusatz starker Säuren frei zu machen, so zerfällt die eben entstandene, freie Säure in Schwefel, Schwefeldioxyd und Wasser; in sehr verdünnter Lösung oder in Gegenwart von schwefliger Säure tritt die Zersetzung erst nach einiger Zeit ein.

Man versetze etwas stark verdünnte Natriumthiosulfatlösung mit etwas verdünnter Schwefelsäure, aus der zuerst klaren Mischung entweicht bald Schwefeldioxyd, das am Geruche leicht zu erkennen ist, während sich die Flüssigkeit unter Ausscheidung feinst verteilten Schwefels trübt.

$$H_2S_2O_3 = H_2O + SO_2 + S$$

Verwendet man zu diesem Versuche eine konzentrierte Natriumthiosulfatlösung, so tritt die Zersetzung der Thioschwefelsäure sofort ein.

Eine Probe Natriumthiosulfatlösung werde mit Jodlösung versetzt; die Farbe der Jodlösung verschwindet sofort, während sich Natriumjodid und tetrathionsaures Natrium bilden. Diese Umsetzung wird zur titrimetrischen Bestimmung von Jod benutzt.

$$2\,Na_2S_2O_3 + 2\,J = 2\,NaJ + Na_2S_4O_6$$

Durch Brom oder Chlor wird Natriumthiosulfat unter Abscheidung von Schwefel zu Sulfat oxydiert; durch einen Überschuß an Halogen kann der Schwefel ebenfalls zu Schwefelsäure oxydiert werden.

$$Na_2S_2O_3 + H_2O + 2\,Cl = 2\,NaCl + H_2SO_4 + S$$
$$S + 4\,H_2O + 6\,Cl = 6\,HCl + H_2SO_4.$$

Hierauf beruht die Verwendung von Natriumthiosulfat zum Entfernen freien Chlors („Antichlor“).

FSC
www.fsc.org
MIX
Papier | Fördert
gute Waldnutzung
FSC® C083411

Zeitfracht Medien GmbH
Ferdinand-Jühlke-Straße 7
99095 Erfurt, Deutschland
produktsicherheit@kolibri360.de